陈跃中 陈 强 等——编著

# 城市公共空间更新
# 与口袋公园

化学工业出版社

· 北京 ·

## 内容简介

本书围绕城市公共空间更新与口袋公园这一话题，首先介绍了城市公共空间的主要类型与更新策略、城市公共空间更新的需求与方向，以及口袋公园的设计要点和后期维护；然后精选了近年来我国优秀的城市公共空间更新与口袋公园的实践项目，对每个案例的基本情况、设计理念与总体方案、详细设计与措施、建成效果都进行了分析和展示，对于有特色的空间节点还借助扩初设计、施工图设计等图纸进行深入剖析，有助于读者从整体到细部地了解这类项目的建设过程。

本书适合建筑、园林景观、城市规划等行业的设计师和建设者，以及大专院校相关专业的教师与学生阅读使用。

## 图书在版编目（CIP）数据

城市公共空间更新与口袋公园 / 陈跃中等编著.
北京：化学工业出版社，2024．10．-- ISBN 978-7-122-46268-8

Ⅰ．TU984.11

中国国家版本馆 CIP 数据核字第 202466WM69 号

---

责任编辑：毕小山　　　　　　　　　　　　装帧设计：对白设计
责任校对：赵懿桐

---

出版发行：化学工业出版社（北京市东城区青年湖南街 13 号　邮政编码 100011）
印　　装：河北京平诚乾印刷有限公司
787mm×1092mm　1/16　　印张 15½　　字数 331 千字　　2025 年 1 月北京第 1 版第 1 次印刷

---

购书咨询：010-64518888　　　　　　　　　　售后服务：010-64518899
网　　址：http://www.cip.com.cn
凡购买本书，如有缺损质量问题，本社销售中心负责调换。

---

定　　价：128.00 元

# 编写人员名单

陈跃中　易兰规划设计院 ECOLAND

陈　强　长春大学

唐艳红　易兰规划设计院 ECOLAND

董怡嘉　上海水石建筑规划设计股份有限公司

郝勇翔　北京创新景观园林设计有限责任公司

李长霖　北京甲板智慧科技有限公司 Dream Deck

梁　毅　北京创新景观园林设计有限责任公司

林丙兴　大小景观

刘宇扬　刘宇扬建筑事务所

沈　禾　上海水石建筑规划设计股份有限公司

孙轶家　VIA 维亚景观

吴　菲　北京甲板智慧科技有限公司 Dream Deck

张　劼　大小景观

# 前 言
PREFACE

　　城市不仅要具备基本的居住、工作、出行功能，还必须满足市民日益增长的生活品质需求与精神需求。规划建设有品质、有温度、配套设施完备的城市空间尤为重要。当前，我国的城市建设开始从规模化转向品质化，城市空间由增量发展来到存量更新时期。随着社会的发展，城市居住及生活环境都在逐步改善，社会各方面对城市建设提出更高要求。

　　城市空间的活力来源于它的使用者，设计者必须仔细研究使用者的需求与空间尺度的关系，认真照顾每一个细节，才能使空间有人气，让人流连忘返。然而，这一点长期以来在很大程度上被城市管理者及专业人员忽视了，难以满足现代城市公共空间的复合功能及品质要求，需要解决问题提升品质。与此同时，城市发展和人民生活水平的提升、改善，又赋予城市公共空间一些新的需求，这些新需求也需要对原来单一的线型空间进行调整和重构。在过去的几十年中，欧美的"去汽车化"潮流则提供了另外一种重塑街景的路径。这些国家深刻反思之前大规模城市蔓延的各种弊端，认识到汽车主导下城市空间的活力尽失。为此提出了很多办法，其中最主要的措施就是增加公共空间的慢行功能设施，提高城市公共空间品质，让市中心的空间重新焕发吸引力。欧美国家积极地推动街景建设，伴随着城市更新运动，积累了很多有益的经验。

　　通过长期的研究和实践，总结适应我国城市目前发展阶段、打破传统公共空间的设计方式，我于2018年提出了街景重构五原则，通过对国内外优秀案例的研究分析以

及亲身创作实践，指出未来城市公共空间的发展方向。

①**慢行连通——在城市人口密集区建立慢行网络系统**。在老城区和已建成区中建立城市绿色廊道：用慢行道、自行车道、慢跑道把零星的、潜在的城市公共空间和城市公园连接起来，生态系统也随之建立和优化。首先，进行公共空间慢行道的连接，这涉及市民出行的安全性和便利性。其次，连接公园绿地系统，提升城市公园的使用效率。再次，对城市中被废弃或闲置的区域进行改造与连接，改善区域生态环境，提高空间利用率。

②**突破红线——开放界面，统筹设计红线内外的空间及设施**。红线内外空间统筹规划可以打破原本僵直的人行道空间，改善高大围墙的硬性分割，形成有层次的空间系统，创造出更加生动的城市界面，使城市与社区更好地连接。

③**多元包容——多元价值观创造丰富的城市公共空间形态**。城市公共空间应尽可能包容多元的活动内容和价值取向。作为设计师应积极推动和塑造兼具活力与品质的城市公共空间，使人们的城市宜居宜行，使每一个城市公共空间和口袋公园都能做到舒适方便、老幼皆宜，使每一处公共空间都能反映出当地文化和市民生活。

④**功能有序——注重场地功能，满足社区变化新需求**。运用空间艺术和硬软质景观手段组织公共功能空间，满足城市生活新需求。由于长期忽略场地功能，汽车、自行车挤占人行道的现象十分普遍，公共空间功能缺乏梳理。近几年，城市生活新功能的出现又让原有的城市空间更加拥挤不堪。共享单车乱停放、外卖快递小车侵占人行

道等问题愈发凸显，严重影响了市民的出行与生活。人们在城市公共空间中的活动越来越少，城市公共空间的品质与职能大幅萎缩。解决这些问题的根本方法就是重新梳理功能，使之井然有序，例如，为共享单车在自行车道旁留出充足的停放空间，方便存取；在建筑出入口附近为外卖快递交接设置专门的工作空间，方便送货取货。

⑤文化表述——延续场地记忆，对接市民生活，打造公共空间特色。公共空间见证了城市的发展与演变，承载着丰富多彩的生活，串联着形态各异的建筑单体，蕴含着丰富多样的城市记忆，是邻里情感与社会的纽带，是体现城市和街区特色的重要载体。一些老街区承载着城市独有的历史文脉。设计要让城市公共空间的记忆得以发掘和延续，让保护与发展共存，使场所精神融入街景设计。

城市公共空间给人的印象是综合的，各类空间相互渗透，有时界限是模糊的。城市如同建筑，是一种空间的结构，只是尺度更巨大，功能更复合，内容更丰富，需要用更长的时间去感知。应该说明的是，城市空间要素的研究并不是只有一个角度，不同城市的空间要素及其相互之间的作用也有差异。本书聚焦城市公共空间，将设计与实践案例相结合，希望可以对当前的城市更新与建设工作提供有益参考和借鉴。

# 陈跃中

易兰规划设计院ECOLAND创始人、首席设计师
美国注册规划设计师
联合国人居环境奖获得者
中国建筑学会园林景观分会副主任委员
中国工程建设标准化协会生态景观与风景园林专业委员会副主任委员
中国城市规划学会城市生态专家委员
中央国家机关房地产管理专家委员会委员
清华大学建筑学院、北京林业大学园林学院、重庆大学建筑城规学院客座教授
《城市建筑空间》《中国园林》杂志编委

陈跃中先生曾主持规划设计过许多国际、国内大型项目，其作品致广大而尽精微，先后获得包括国家级、省市级优秀工程勘察设计奖，中国风景园林学会科学技术奖、规划设计奖，美国ASLA规划奖，IFLA APR设计奖，ULI城市土地协会卓越奖，英国LI、BALI景观奖，ARDA美国旅游发展协会及WAF等国际专业权威组织的近百个优秀奖。其不仅专注于设计实践，对设计理论的研究与创新亦具卓越成就，出版专著《街道是谁的》和《城市要素》，在多个国际、国内学术期刊发表论文，获多项发明专利等。多年积极参与国际、国内学术研究与交流，受邀参与过许多国内外重要项目评审。

# 目 录
CONTENTS

SHEJI
YINYAN ｜ 设计引言 ●●●

# ANLI SHANGXI | 案例赏析 ●●●

# 设计引言

## SHEJIYINYAN

# 1 | 城市更新 概述

社会生产力的变革必然会引起人类生产方式、生活方式和居住方式的转变，由此引发的非农产业发展，人口集中化、集约化、高效化，以及传统的乡村社会向现代城市社会演变的自然历史过程，就是城镇化的过程。从全世界范围来看，城镇化发展过程大致分为"城市化→大城市郊区化（逆城市化）→城市更新（城市再开发）"三个阶段。不同阶段之间并没有明确的分界线。在前两个阶段中，城市新增人口的住房需求带动房地产市场快速发展，城市规模不断扩大，人口密集、交通拥堵、环境污染、生活品质下降等大城市病开始显现。同时，大城市中心出现"城市空心化"现象。为了解决这些问题，发达国家从可持续发展角度提出"城市更新"等理念和措施，对城市中已经不适应现代化城市社会生活的地区进行必要的、有计划的改建。对于住宅房屋的修理改造，对于街道、公园、绿地等环境的改善，以形成舒适的生活环境和美丽的市容，包括所有这些内容的城市建设活动都是城市更新。城市更新融汇了社会、经济、自然环境和物质空间的全面复兴和可持续发展，使城市变得更有生机和竞争力。

城市有机更新是一种城市规划理论，由吴良镛教授提出，认为从城市到建筑，从整体到局部，如同生物体一样是有机联系、和谐共处的，主张城市建设应该按照城市内在的秩序和规律，顺应城市的肌理，采用适当的规模、合理的尺度，依据改造的内容和要求，妥善处理关系，在可持续发展的基础上探求城市的更新发展，不断提高城市规划的质量，使得城市改造区的环境与城市整体环境相一致。城市有机更新是对城市中已经不适应一体化城市社会生活发展的地区进行必要的改建，使之重新发展和繁荣，主要包括对建筑等的改造，以及对各种生态环境、空间环境、文化环境、视觉环境、游憩环境等的改造与延续。同时，城市有机更新应采用新的融资方式和新的经营模式，紧密结合产业升级与消费升级，注重历史传承与文脉延续，用文化创意引领更新，不断满足城市由扩张转型向内涵式发展的需求。

从内涵来看，城市有机更新可以体现为原始建筑或场地在使用用途上的改变，例如仓库更新为办公楼或商业中心、工厂更新为公园、办公楼更新为公寓、商场更新为酒店等，也有在建筑原用途不变基础上的功能提升。从外延来看，城市有机更新既包括建筑单体的更新，如写字楼和公寓；也有社区、片区的更新，如历史街区和文化创意园区等。

由旧厂区改造而来的市民活动空间

园区内的印记花园

◎杨树浦六厂滨江公共空间更新之电站辅机厂东厂改造/刘宇扬建筑事务所（设计）/田方方（摄影）

# 2 城市公共空间的主要类型与更新策略

城市公共空间是指供大众日常生活和社会生活公共使用的室外及室内空间。狭义上的城市公共空间通常指室外活动空间，包括街道、广场、居住区户外场地、公园、体育场、滨水公共区等。城市公共空间又分为开放空间和专用空间，开放空间有街道、广场、停车场、居住区公共绿地、街道绿地、公园、山林水系等自然环境，专用空间有运动场、学校操场等。

曹杨百禧公园内部的篮球场地和居民日常休憩空间

◎曹杨百禧公园／刘宇扬建筑事务所（设计）／朱润资（摄影）

城市公共空间作为人们日常生活中最容易接触到，且使用频率最高的空间，其规划在整个城市系统中占据着重要作用。一个城市的公共空间设计可以很好地体现出城市的公共生活质量。居民对于公共空间的使用也促进了公共空间的丰富。根据居民的生活需求，在城市公共空间可以进行交通、商业交易、表演、展览、体育竞赛、运动健身、消闲、观光游览、节日集会及人际交往等各类活动。

城市公共空间更新可以通过盘活更多空间，使土地资源得到更好的利用。在城市化发展进程中出现的各种问题都有可能导致土地的荒废与闲置，以旧厂区和城市边缘化空间尤为常见，通过对这些空间的更新改造，将其打造成可以用于居民日常休憩游玩或者专门从事展览展出以及各类活动举办的空间，是提升土地使用率的重要方式。一些位于居民区附近的公共空间，由于年久缺少维护，其使用率大大降低，通过改造可以使其重新适应居民的需要，达到物尽其用的效果。

除此之外，城市公共空间更新还可以为居民打造更多、更优质的户外休闲空间。在更新过程中，道路的合理规划、植被及绿化的覆盖提升、各种便民健身设施的设置、各种运动场地的规划与修整等，都是提升居民户外活动质量的重要措施，让人们在闲暇时间有更多的活动选择。

与此同时，城市公共空间更新还可以提升城市形象，打造亮眼的城市名片。城市公共空间作为一个城市的窗口，不仅是本地居民生活的"容器"，也在展示着一座城市的历史、经济与文化。塑造高品质、特色化的公共空间，是丰富城市历史文化、重塑城市空间特色的重要手段，是提升城市品质内涵的重要方式，也是提升城市竞争力的核心要素之一。

改造后的公园被注入了更多的绿色活动空间
◎上海乐山绿地口袋公园/VIA维亚景观（设计）/孙轶家（摄影）

## 2.1 城市公园

城市公园是城市公共空间中绿化面积最大，使用功能最丰富的部分，随着城市各项基础设施的不断完善，人们对于公园的使用需要也变得越来越高。合理建设城市公园，可以更好地满足城市居民的精神需求，为居民营造一个更为温馨、舒适的生活环境。针对城市公园的建设，可以从以下方面入手。

**（1）因地制宜**

从当地环境角度出发，结合气候与地质条件，选择适应当地水土环境且容易维护的植被。既要达到美化环境的目的，又要维护水土资源的平衡，改善局地气候。

**（2）以人为本**

广泛了解不同人群的使用需求，在规划过程中注重功能分区。可以以标志性建筑物或者植被作为屏障，将公园划分成不同使用区域，根据公园景观结构特点，了解各个功能分区之间的联系，找到契合点，并结合公园具体的条件与功能，实施科学调整与划分，保证城市公园景观改造设计水平得到进一步提升，避免资源浪费。同时，注重运动器材的配备与维护，让城市居民在休闲放松的同时能够锻炼身体，改善居民的身体状况，提高城市居民的幸福感。

**（3）结合当地文化特色**

以公园为平台，在设计中融入文化元素，打造良好的城市名片，保证当地的文化传统得到更好传承。

公园内的趣味活动空间

◎上海曹家渡花园更新设计/VIA维亚景观（设计）/CreatAR Images（摄影）

## 2.2　城市广场

　　城市广场按其性质、用途及在道路网中的地位分为公共活动广场、集散广场、交通广场、纪念性广场与商业广场等五类，有些广场兼有多种功能。应按照城市总体规划确定的性质、功能和用地范围，结合交通特征、地形、自然环境等进行广场设计，并处理好与毗连道路及主要建筑物出入口的衔接，以及和四周建筑物的协调，注意广场的艺术风貌。针对城市广场，在设计或者改造时要注意以下几点。

### （1）公共活动广场

　　公共活动广场主要供居民文化休闲活动，因此在设计上要根据不同人群的使用习惯划分区域，配备适量的座椅和垃圾桶等便民设施。有集会功能时，应按集会的人数计算场地面积，并对大量人流迅速集散的交通组织以及与其相适应的各类车辆停放场地进行合理布置和设计。

安亭新镇中央广场为附近居民提供了一处日常休憩的友好空间

◎安亭新镇中央广场改造/Kokaistudios（设计）/Marc Goodwin（摄影）

（2）集散广场

集散广场应根据高峰时间人流和车辆的多少、公共建筑物主要出入口的位置，结合地形，合理布置进出通道、停车场地、步行活动空间等。

（3）交通广场

交通广场包括桥头广场、环形交通广场等，应处理好广场与所衔接道路的交通，合理确定交通组织方式和广场平面布置，减少不同方向人车的相互干扰，必要时设置人行天桥或人行地道。

（4）纪念性广场

纪念性广场应以纪念性建筑物为主体，结合地形布置绿化以及供人游览活动的铺装场地。为保持环境安静，应另辟停车场地，避免车辆进入。

（5）商业广场

商业广场应以人行活动为主，合理布置商业贸易建筑和人流活动区。广场的人行出入口应与周围公共交通站协调，合理解决人流与车流之间的相互干扰。

## 2.3 城市街道

城市街道是主要的交通和公共用地，与人们的日常生活关联度很大。街道直接影响城市形态，因此街道建设在城市建设中占据着重要位置。城市街道更新改造可以从以下几个方面入手。

①提升使用功能，对车行道和人行道做好划分，并且在两者之间设置适当的屏障，保障车辆行驶的畅通，也保障步行者的安全。

②治理沿街环境，对于一些杂乱的摊位和广告牌进行重新规划管理，尤其是商业街，改变脏、乱、差的现状，重塑街道形象。

③加强景观设计，提升绿化空间的层次感，规划街角公园、口袋公园等，为人们提供休憩和游玩的场所，提升街道活力。

街道边界空间层次的叠加处理，强化人们在街区内行走的视觉体验

以"乐山"为主题创作的城市公共设施，为行人与场地的互动增添亮色

◎上海徐家汇乐山社区街道空间更新/水石设计（设计）/王琇（摄影）

## 2.4 社区公共空间

社区公共空间是居民日常生活中使用最多的公共空间类型，是社区居民进行公共交往、举行各种活动的开放性场所。老旧社区公共空间的问题主要表现在空间未能被合理利用，出现荒废闲置、违规占用、公共设施老旧等问题。对于社区公共空间的改造，可从以下几个方面入手。

①优化环境，对景观进行设计和规划，增加绿化面积，规划和修整道路，方便人们出行。

②更新公共设施，拓展户外活动空间，鼓励更多人走出去参加户外活动。

邻里峡谷里的中央溪谷是社区居民的户外客厅

山丘上的山顶客厅

◎邻里峡谷：麓湖·汀院／大小景观（设计）／南西摄影（摄影）

## 2.5 滨水公共空间

滨水公共空间是人们亲近自然的重要场所之一。滨水地带作为水陆交界地，其自然环境特色鲜明。在改造中对其生态环境进行修复，并尽可能地创造更多开敞的公共空间，为居民提供放松身心的娱乐休憩环境，也是滨水景观改造的重要目的。集水体资源和植被资源于一身的滨水空间，在改善城市生态环境、调节局地气候和实现可持续发展等方面同样发挥着重要作用。滨水空间改造，需着重注意以下两点。

①尊重其原有的自然特征和城市文脉，充分发挥自然的组织能力，在设计过程中就地取材，保持其原有的景观特色和格局，使自然环境和人造环境协调共生，并凸显城市特色。也就是说，在滨水空间设计中，需要注意把控不同景观元素之间的关系，合理布局，选择适合当地气候环境的植物进行栽种，并保护生态环境。

②计算环境容量，进行防洪设计，加建防汛墙，提供停车场、紧急避难空间等场地和设施。

西江古道，柳岸风貌 人行桥将河岸两侧连接起来

◎浙江黄岩滨水段城市改造 / 易兰规划设计院 ECOLAND（设计）/ 一界摄影（摄影）

## 2.6 校园公共空间

学校作为提供教育的最重要场所，不仅仅要教会学生课本上的知识，还要提升学生的认知能力和探索能力。完成学习的过程不仅仅局限在课堂，还要延伸到学校的各个公共空间当中。下面以大学校园为例，简述校园公共空间改造的主要策略。

①在校园景观改造中，要根据不同群体的使用需要以及周边环境来划分功能分区。如宿舍区、观赏区、运动区等。这些区域的使用各有侧重，因此在改造过程中更要结合使用需求，加强校园景观的实用性，符合大众的行为心理。

②对植被和景观小品进行合理搭配，使校园景观更有层次感。选择适合当地气候、观赏性较强、少蚊虫干扰的植被，让师生们在校园中回归自然，放松身心，缓解疲惫。

③发扬学校的精神内核，运用能凸显学校特色的元素及符号。每个学校的由来都有着特定

的意义和使命，因此在校园规划中，要更多地弘扬校园精神，可以通过雕塑、纪念碑等景观载体来让更多人了解校园，使其精神和意境得到更好的传播。

④交通流线的改造要做到人车分离，确保步行人员的安全。同时规划景观道路，用于观赏及散步、慢跑等用途。

校园内优美的自然环境

主楼绿地雕塑

◎北京化工大学东校区环境景观提升/易兰规划设计院ECOLAND（设计）/易兰规划设计院ECOLAND、一界摄影（摄影）

## 2.7　旧工业园区

旧工业园区往往带有比较鲜明的历史特色，将原有的工业遗迹进行保留和改造，融入购物、餐饮、娱乐、商务、办公等丰富的商业元素，满足多种功能和使用需求，营造新地标，使工业厂区重新焕发生命力。旧工业园区改造，应着重从以下几个方面入手。

①对园区中功能系统完好的景观及建筑部分进行保留，尤其是承载了历史记忆的标志性景观和建筑。在此基础上对其进行符合现代化使用需求的改造，既能回望历史，也能使空间和资源得到合理利用。

②对园区内的景观植被和景观小品合理布局，根据绿地的功能属性和视线要求选择合适的景观植物。其它设施，如休闲座椅、灯光照明、景观雕塑等，其风格要与整体景观环境相协调。

③优化道路结构，对于不符合现代使用需求的车行道重新进行规划，主次干道划分明确，人行道与车行道分离，确保使用效率及安全。

步行桥设计语言与工业遗存钢架呼应，保持历史风貌延续性

场地里有多处特色工业遗存，具有较高的历史风貌保留价值

◎北京首钢工业遗址城市更新改造 / 易兰规划设计院 ECOLAND（设计）/ 张锦影像工作室（摄影）

# 3 城市公共空间更新的需求与方向

## 3.1 土地集约化利用

土地集约化是在一定面积土地上，集中投入较多的生产资料和劳动，使用先进的技术和管理方法，以求在较小面积土地上获取高额收入的一种经营方式。由于经济社会发展的需要，土地成为社会需求的紧缺资源，国家通过立法成立专门机构，加强土地合理、科学规划，缩小非农建设用地，提高土地利用质量，减少土地利用浪费。多年来高强度的土地开发和利用，让城市可供建设的新增土地所剩无几，空间资源紧缺成为制约城市进一步发展的瓶颈。面对这个难题，对存量土地进行更新与改造，探索出一条土地资源节约、集约利用的有效路径，是对当前土地紧缺问题较为有效的解决方法之一。

## 3.2 节能发展和生态保护

2020年，中国政府宣布新的碳达峰与碳中和目标，即2030年二氧化碳排放量达到峰值，努力争取2060年实现碳中和。2021年10月，国务院印发《2030年前碳达峰行动方案》，明确将碳达峰贯穿于经济社会发展的全过程和各方面，重点实施能源绿色低碳转型行动、城乡建设碳达峰行动、碳汇能力巩固提升行动等"碳达峰十大行动"。其中，城乡建设碳达峰行动中也明确提出推进城乡建设绿色低碳转型，城市更新和乡村振兴都要落实绿色低碳要求。

城市公共空间更新是城市更新的重要部分，应立足新发展阶段，完整、准确、全面贯彻新发展理念，转变传统高碳的设计理念、建造方法和运行模式，坚持生态优先、节约优先、保护优先，以绿色低碳发展为引领，推广低碳、生态的碳达峰与碳中和技术，加快转变更新建设方式，提升绿色低碳发展质量。结合"双碳"发展理念的城市公共空间更新相关原则与策略大致列举如下。

（1）规划先行，统筹碳汇布局

通过优化城市绿地结构，构建类型合理、特色鲜明、分布均衡的城市园林绿地体系，提升城市绿地布局的科学性、合理性，加强城市公园、城市广场、城市街道、社区公共空间、滨水公共空间、校园公共空间、旧工业园区等的改造建设，构建连续完整的生态基础设施体系，系统提升城市公共空间生态碳汇能力。

（2）全生命周期，提升减排增汇

注重全过程的节能降碳，将低碳理念贯穿规划设计、施工建设、运行管理等全过程，实施低碳设计、低碳建造、低碳运行。

（3）因地制宜、挖掘场地特色

坚持"留改拆"并举，以保留利用提升为主，鼓励小规模、渐进式的有机更新和微改造，防止大拆大建。坚持尊重自然、顺应自然、保护自然，不破坏地形地貌，不伐移老树和有乡土特点的现有树木，不挖山填湖，不随意采用侵占河湖水系等严重改变自然地形地貌的开发建设方式，减少或避免土石方量的大开大挖及机械作业，实现节能降碳。

被保留下来的香樟作为历史见证者将继续陪伴着厂区的成长

◎橡胶厂公园：华谊万创·新所/大小景观（设计）/南西摄影（摄影）

### （4）生态优先，提倡自然做功

在保护原有绿地的基础上，增加绿地面积和绿量，特别是当地固碳能力强的乔木面积，模拟当地丰富的植物群结构类型，倡导"乔灌草"的绿化模式，以简单和经济的方式增强碳汇能力。绿化种植应遵循自然规律和生物特性，避免反季节种植和过度密植；同时，应减少需要精细管理的植被类型，以减少后期大量修剪和灌溉等维护管理工作，实现低碳环保的目标。

### （5）慢行系统，成环成网

建设连续、安全、舒适的慢行系统，通过慢行交通网络将居民住所与公园、邻里中心、学校、体育设施、公交及轨道站点等公共活动中心进行串联，鼓励人们绿色低碳出行；并融合活力休闲、绿色康体、文化体验、民生服务等多种功能，实现"线、网、面"慢行交通网络的功能复合。

### （6）废弃物回收，材料再生利用

充分利用原有的废弃材料以及建设过程中自身产生的废弃物进行资源化再利用，减少碳排放。例如建筑拆除后的旧红砖和旧边石等可以通过"变废为宝"的方式在改造中再利用。旧材料的再利用不仅节约了资源，也与原有场地特征更加协调呼应，形成有记忆的场地环境。

曾经的混凝土平台被重新利用，旧轮胎被改造成了休闲坐垫

◎橡胶厂公园：华谊万创·新所/大小景观（设计）/南西摄影（摄影）

### （7）立体复合，增加屋顶绿化

广泛利用城市公共空间中建（构）筑物及其他空间结构设施的顶面或立面进行立体绿化，包括地下空间顶面、建筑屋顶、构筑物顶面、建（构）筑物墙面等，达到遮阴降温和缓解热岛效应的目的，既可以固碳，也可以减少屋顶下的能源需求。

位于屋顶的小型绿化空间

◎水滴花园/大小景观（设计）/南西摄影（摄影）

### （8）海绵系统，水资源再利用

融合海绵城市的设计理念，在"因地制宜"原则指引下，综合运用"渗、滞、蓄、净、用、排"等多种技术手段，积极建设自然积存、自然渗透、自然净化的城市公共空间海绵系统。积极推广雨水资源再利用，如用于景观水体补水、园区绿化灌溉以及道路冲洗等，发挥节能低碳作用。

### （9）在地材料，减少碳足迹

城市公共空间更新应尽量选择就近的材料，例如植物、铺装等以当地材料为主，以减少由于远距离运输而产生的能源消耗和碳排放。同时，提倡与环境相结合的光伏发电、风能发电，以及高效节能用电设备的使用。

总之，城市公共空间的更新和发展需要倡导绿色低碳理念、原则和策略，以实现城市的可持续发展和环境友好。只有充分考虑和应用绿色低碳理念，才能打造宜居、宜人的城市公共空间，提高居民的生活质量，并为后代留下一个美丽、健康的城市环境。

## 3.3 文化保护

在城市更新的过程中，对城市历史的保护尤为重要。具有保护价值的城市片区和建筑是文化遗产的重要组成部分，是弘扬优秀传统文化、塑造城镇风貌特色的重要载体。保护好、利用好这些珍贵历史文化遗存是城乡建设工作的使命和任务。住建部在2020年下发的《住房和城乡建设部办公厅关于在城市更新改造中切实加强历史文化保护坚决制止破坏行为的通知》中明确规定了在城市更新改造中进一步做好历史文化保护工作。

王建国教授认为历史文化保护是城市更新的前提，并提出四个观点：

一是科学保护，就是要挖掘城市的历史文化，遵循城市发展的规律，探索城市形态的建构肌理，物质和非物质遗产并重；

二是精细保护，就是保护修补、活化再生，把城市形态通过设计呈现时间、空间、形态的合理运用；

三是多方合作、共赢，建筑师、设计师要介入项目的策划、投资和运维管理，和社会资本开展有边界的合作，与利益相关人协商项目的操作实施；

四是参与规划长效管理，要通过设计成果参与城市空间治理和风貌提升优化、改善和管理。

城市更新通常呈现为长期性、间断性和局地性特点，并与城市已有的地块复杂产权和各方利益相关人密切相关，需要客观对待历史积淀、新陈代谢和有序演进的真实社会和城市街景。

在城市转型发展的今天，以日新月异为主要目标的激进式城市发展观已经遭到质疑，应该提倡更加精细化和人性化的渐进优化发展方式。城市发展需要不断调适人与自然和人与社会的关系，在保有历史城市基本结构、脉络和典型街区肌理的前提下，当代的积极创造、活力再生和局地生态重启同样也是必要的 ❶。

体现历史文脉的设施小品

◎京韵园 / 北京创新景观园林设计有限责任公司（设计）/ 郝勇翔（摄影）

## 3.4    促进市民互动，提升空间活力

### 3.4.1    营造全龄友好型城市公共空间

城市公共空间应考虑人的使用需求，过去严格按年龄划分功能区和活动空间的设计方法，将难以满足户外游憩中多年龄段人群对活动空间的共享与互动需求。城市公共空间作为高密度城市环境中的稀缺资源，其服务功能和服务对象不宜过于单一。随着老年宜居环境建设和儿童友好城市建设的推进，全龄友好型公园逐渐获得越来越多人的青睐。全龄友好型公园是指公园在建设过程中，贯彻以人为本，充分考虑全年龄段，特别是老年人、儿童、残障人士等弱势群体的生理和心理需求，因地制宜地提供健康、安全、舒适、充满关爱的高品质公园环境及服务设施，提升公园的服务效能与使用体验。

公园内供人休息游玩的公共空间                公园内的游乐区

◎上海乐山绿地口袋公园 / VIA 维亚景观（设计）/ CreatAR Images（摄影）

---

❶ 摘自王建国在 2022（第六届）北京国际城市设计大会上的发言。

　　近年来，很多城市在全龄友好型公园建设方面做出了积极尝试。例如，《重庆市城市管理局关于加强全龄友好型城市公园规划设计工作的指导意见》，对全龄友好型城市公园的落地实施提出了具有可操作性的方法，其主要内容可概括如下。

### （1）注重系统规划

　　①在新编城市绿地系统规划时，鼓励编制全龄友好型城市公园专项规划，结合综合公园、社区公园、专类公园等公园体系规划，将用地面积5公顷以上城市公园绿地兼容布局为全龄友好型城市公园，并在城市用地范围内均衡布局。

　　②城市公园用地应尽量选在交通便利，三分之一以上的陆地坡度在25°以下，实现各年龄人群可达、可游、可览的地块。

　　③未实施的规划公园绿地，进行公园规划设计时，应贯彻全龄友好理念，用地面积5公顷以上的应进行全龄友好专项设计，用地面积5公顷以下的因地制宜布局适儿化、适老化的游憩景观、活动场地和服务设施。

　　④现状城市公园进行全龄友好型更新改造应符合城市国土空间总体规划、绿地系统规划及其他各类专项规划要求，原则上用地面积5公顷以上应全面完成全龄友好型城市公园改造；用地面积5公顷以下的现状城市公园，可结合周边主要使用人群，因地制宜进行儿童友好或老年友好化改造。

### （2）注重功能布局

　　①公园内须满足各年龄段对公园功能的不同需求。须建设满足儿童趣味游览、科普教育、探索游戏等需求的活动空间；建设满足老年人和失能人员生态体验、健身休闲等需求的活动空间；营造功能健全，使"老、青、幼"均能全龄参与共享的公园活动空间。

　　②以运动功能为主的适合青少年的动态空间和以休闲功能为主的适合老年人的静态空间应适当分割，并以慢行系统串联。

　　③公园内地形较为平坦、周边景观环境优美、交通便捷地段优先布置适宜老人、儿童使用的活动场地。

　　④纳入城市更新、城市提升的公园绿地，根据游人的活动需求和行为特点，综合考虑各年龄段人群活动区域对公园周边区域的干扰程度，优化调整公园的整体布局与功能分区；优化完善功能区后的公园绿地须符合公园绿地规划设计管理相关要求。

### （3）注重无障碍交通体系

　　①宜利用地形条件设置无障碍通道，开展全龄友好型无障碍设计。

　　②城市公园主要出入口应设置无障碍专用通道，宽度设置不应小于1.20m，保证一辆轮椅和一个人侧身通过。条件允许的情况下，无障碍专用通道宽度设置为1.80m，保证同时通行两辆轮椅。

　　③城市公园主要出入口现状设置为台阶不具有无障碍通行能力的，将部分台阶改造为无障碍坡道，让公园的主出入口达到无障碍通行。山地公园绿地无障碍坡道纵坡应小于8%；坡度大于8%时，宜每隔10～20m设置休息平台。

　　④城市公园主要出入口现状设置的台阶坡度大、线路复杂，不具有无障碍坡道改造条件的，

根据现状条件结合堡坎崖壁设置观光电梯或结合高边坡设置室外自动扶梯。观光电梯、自动扶梯等室外型设备的驱动装置和使用材料应具备适应全天候工作的能力。

⑤城市公园应结合主园路设置无障碍游览路线，并能到达主要景区和景点，且宜形成环路。无障碍道路纵坡宜小于5%，具有山地地形特征城市公园的无障碍游览路线纵坡可放宽到不大于8%；无障碍游览路线不宜设置台阶、梯道，须设置时应同时设置轮椅坡道。

⑥无障碍游览路线上的桥应为平桥或坡度在8%以下的小拱桥，宽度不应小于1.20m，桥面应防滑，两侧应设栏杆。

⑦园路路面铺装应平整、防滑、不松动，园路上的窨井盖板应与路面平齐，排水沟的滤水箅子孔的宽度不应大于1.5cm。

⑧园路紧邻湖水岸、边坡一侧应设置护栏，护栏扶手的材质应选择耐污、防滑、手感舒服的材料。鼓励设置无障碍双层扶手，上层扶手高度85～90cm，下层扶手高度65～70cm。

⑨公园内景观院落的出入口、院内广场、通道以及内廊之间应能形成连续的无障碍游线。在有三个以上出入口时，应设两个以上无障碍出入口，并在不同方向。院落内廊宽度至少要满足一辆轮椅和一个行人能同时通行，宽度不宜小于1.20m。单体建筑和组合建筑包括亭、廊、榭、花架等，当有台阶时，入口应设置坡道，景观建筑室内应满足无障碍通行。

**（4）注重服务设施配置**

①公共厕所、饮水器、洗手台、游客服务中心和休息座椅等公共设施应满足无障碍设计的要求。儿童饮水器操作台高度不应超过70cm；应在男、女公共厕所内各设置1个无障碍坐便器；公厕内应设置比例不小于50%的低位洗手台，低位洗手台安装高度50～55cm；垃圾桶投入口高度不应超过80cm；老年活动场地与公共卫生间的行走距离小于100m。

②公园内夜间照明和场地照明应符合国家标准《城市夜景照明设计规范》（JGJ/T 163）中的照度规定，对于人员可接触的照明装置应采用特低安全电压供电，有集会或其他公共活动的场所应预留备用电源和接口。

③公园内导视系统应重点关注儿童、老年人或失能人员的需求，采用颜色醒目、形式文字

夜幕下的水滴广场照明充足

◎水滴花园／大小景观（设计）／南西摄影（摄影）

统一的导视系统，并应具备语音播报功能。

④公园内各种设施、器械和设备结构应坚固耐用，避免形成硬棱角，保障游览人员的安全。

**（5）注重植物设计**

①植物设计应体现对使用者的人文关怀，植物配置应选择芳香、保健植物；不得在活动区域用飞毛飞絮、有毒有刺、易生病虫害的植物。

②植物景观宜体现季相变化，应适当增加秋冬季落叶乔木，满足游人夏季遮阴纳凉和冬季沐浴阳光的不同需求。

③儿童活动场地的植物配置应满足儿童心理需求，满足以"一米高度看世界"的儿童视角，满足视线通透、活动无阻及看护儿童安全的需求。

此外，北京市也推出《全龄友好型公园建设导则》，对全龄友好型城市公共空间提出了较为具体的建设方法。

### 3.4.2 营造智慧型城市公共空间

信息时代的城市公共空间设计，需要通过LIM智能化设计、大数据采集、物联网交互、沉浸式体验、AI辅助设计、无人机测绘等新技术的合理运用，为城市公共空间设计提供可视化、可量化、可优化等便捷的设计路径。同时，通过开展智能化设计为市民实现"智慧健身""智慧出行"等多种便民功能，提高市民幸福指数，打造新时代的高科技城市公共空间。智慧化的城市公共空间营造可以通过以下途径实现。

**（1）智慧管理、养护**

利用信息化、智慧化手段，提升城市公共空间安全运行管理和精细化养护水平，降低运行成本，如建设网络传输与通信网络、电子信息屏、多媒体触摸屏终端机、视频监控、智能广播、求助设施、感测设施等基础设施。城市公园中可建设标准统一、资源共享、接口开放的数据管理中心，在保障安全的基础上实现数据的远程访问和调用。

**（2）智慧服务**

面对人们对于城市公共空间的使用需求升级，以趣味化、体验化、互动化的智慧模式，为游客提供多样服务，满足全年龄段人群游憩、体育健身、文化活动等多元需求，具体包括：智能导览、景观艺术、智慧健身、智能科普等。

如开发手机App或微信公众号等移动端应用，有较大规模停车场的公园宜建设智能停车管理系统，或接入区域智能交通停车系统内，实现对停车位的实时监测、车辆进出提示和可视化管理。通过智能手机及各类智能终端查询停车场位置和车位信息。具备条件的公园可通过身份识别系统实现游客安全、快速入园，为进一步服务创造条件。人流量较大的城市公共空间可建设智能厕所以及智能照明系统，通过自主感光、定时、声控或智能终端远程控制等方式实现对不同空间区域照明的控制。另外还可以借助地理信息系统、虚拟现实和多媒体等技术向人们提供虚拟体验服务。例如，在历史名园中建设多媒体体验中心，展示区域历史景观风貌、区域原始自然风貌、历史变迁等内容；还可利用三维全景实景增强显示技术、三维建模仿真技术等实现虚拟游园。

北京西城金融街的更新进行了智慧化改造，引入了"AI竞速跑道""AI互动骑行"等智慧健身场景，为这条街道赋予了更加多样的功能。在AI竞速跑道上，人们踩踏"开始"地砖进入"竞速"模式，大屏幕会提醒跑道"清场"，跑步结束后，成绩会显示在大屏幕上，而且还会进行日、周、月的成绩排名；如果觉得跑步太累，可以切换"休闲"模式。跑道的终点是智能动感单车，六台单车，六条"宇宙赛道"，人们可以在这里进行AI互动骑行，大屏幕会根据人们的骑行速度实时更新"宇宙赛道"上的排名。更新改造后，这条100m长，3m宽的街不再是一条"路过"的街，而是成为城市街区中的一个可以停留、运动、社交的多功能幸福驿站。

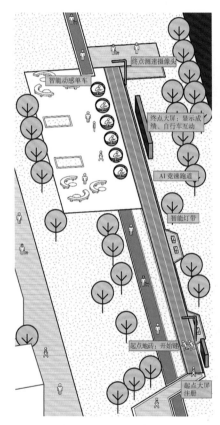

空间布局示意

AI竞速跑道

AI互动骑行

◎北京金融街城市更新/偶木景观（景观设计）/北京甲板智慧科技有限公司Dream Deck（智慧化设计及实施、摄影）

### （3）智慧运营

推进城市公共空间开放共享，满足人们对城市绿色生态空间的新需求，增加可进入、可体验的活动场地。同时，增加公园绿地引流活动，打造特色，塑造品牌，探索经营方式，实现以园养园的经营管理模式。

例如北京温榆河公园·未来智谷打造碳中和主题公园，围绕着"碳中和"理念，通过碳积分将整个公园串联，并且在运动、科普以及公园管理上实现创新，赋能"碳普惠"运营场景的应用。结合低碳行为体系（绿色出行和低碳科普等）搭建碳积分转换系统，通过运营数据中台将低碳行动量化进入线上个人碳积分账户，之后把量化数据用来引导游客完成线下运营场景消费。

北京通州大运河森林公园打造多维立体化5A数字游线，提供全链路游客服务、旅游综合管理和全域旅游营销。利用VR技术再现大运河历史盛景，打造了360°全景大运河、数字大运河虚拟游线、AR文创商城、虚拟数字资产、虚拟现实历史博物馆。利用高沉浸式投影屏幕、体感捕捉设备、可触摸屏等设备，以及AI、VR、语音图像识别等技术，为大众带来虚实结合的景区游览体验。

# 4 | 口袋公园

## 4.1　什么是口袋公园

口袋公园的概念最早出现在1963年5月，在美国纽约公园协会组织的展览会上，行业专家提出建设"为纽约服务的新公园"的提议，即在高密度城市中心区建设呈斑块状分布的小公园。1967年，由美国第二代现代景观设计师罗伯特·泽恩设计的世界上第一个口袋公园——佩雷公园开园。

口袋公园是指面向公众开放的、规模较小、形状多样、具有一定游憩功能的公园绿化活动场地，具有选址灵活、形式多样、实用便民等特点，面积一般在400～10000m² 之间。按规模大小可分微型、小型、中型、大型四级，按区位可分为居住社区型、商业商务型、交通型、公共服务设施型四类。根据《江苏省口袋公园建设指南（试行·2022）》，口袋公园主要在6类地块建设：

①长期未使用的闲置地块、废弃空间；

②建筑物、构筑物拆除后腾退的小微地块；

③围墙之间、建筑之间、场地之间等狭小、曲折的不规则用地；

④使用率低的小微绿地、道桥边角空间、桥下空间等消极场地；

⑤道路绿化带等封闭的观赏型绿地；

⑥使用率较低的小广场、单调低活力的人行空间等场地。

根据常见的布局位置，口袋公园可分为街角口袋公园、街心口袋公园、跨街区口袋公园。街角口袋公园位于两条街道的交叉口，面向街道两侧的路人开放，方便行人取近道横穿街角，能够提供公共休憩场地。街心口袋公园一般只有一个面向街道的出入口，有利于创造完整、安静的室外休憩场所。跨街区口袋公园则穿越街区，连接两条街道，能够为人们提供步行捷径，将相邻街区有机串联起来。

口袋公园具有选址灵活、面积小、离散性分布的特点。它们能见缝插针地大量出现在城市中，为工作和生活在高密度城市空间中的人们提供更多的休憩场所。将小型地块或者不规则分布的城市"边角料"空间改造成口袋公园，也是提高土地资源利用率的手段之一。

## 4.2 口袋公园与城市更新

口袋公园作为城市更新的一项重要内容，不仅能为周边市民提供一个休闲娱乐的去处，也能局部改善城市面貌，让城市的品质进一步提升。

如何将老城区进行激活与改造是近年来很多城市需要面对的问题，绿色景观的营造则是激活和再利用城市公共空间的有效手段。尽管人们对绿色景观的需求在不断增加，但是在寸土寸金的城市中新建大型公园的可能性越来越小。而口袋公园则可以以其特有的优势为城市更新贡献出一份力量。由于很多老城区本身在最初规划时就存在不合理之处，常常会出现不规则的小型废弃土地，而建设口袋公园则可以使这些土地得到合理利用。即使土地分布趋于离散、相互之间没有关联，也不影响口袋公园的建造。口袋公园一般位于城市街道交叉口、居民区、商业区和交通枢纽等位置，分布范围灵活且广泛，可以称得上是城市公共空间的重要组成部分。口袋公园可以装点街景、丰富城市空间层次、提升城市形象，而这些正是复兴旧城区的关键，也是城市更新的重要一环。

## 4.3 口袋公园的建设原则与要求

根据住房城乡建设部办公厅2024年6月印发的《口袋公园建设指南（试行）》，口袋公园建设应遵循以下原则。

①因地制宜。结合实施城市更新，留白增绿、拆违建绿、见缝插绿等建设口袋公园。充分尊重和利用场地原有地形和植被，突出地域文脉特征，形成"一园一品"景观格局。

②便民亲民。充分考虑周边群众需求，重点选址公园绿化活动场地服务半径覆盖不足的区域，落实适老化和儿童友好等要求，增加活动场地，完善配套设施，打造多元活动场所。

③安全舒适。选址和建设应尽量规避各类潜在风险因素，科学进行功能布局，有效控制公园中的各类休闲活动对周边居民造成的干扰。

④节俭务实。落实节约型园林和绿色低碳理念，根据群众使用需求合理配置设施，优先应用乡土植物，倡导使用节能、节水的材料、技术和工艺。

⑤共建共享。探索建立"政府引导，社会参与"的多元建设管理机制，引导市民参与公园选址、设计、建设和养护管理，共建共享美好环境。

此外，口袋公园在布局时还应满足以下要求。

①弥补服务盲区。系统分析城市公园绿地空间分布均好性的基础上，优先选择公园绿化活动场地服务盲区，以及群众需求较大而公园绿地总量不足的区域，增加口袋公园。

②结合城市更新布局。结合老旧小区、商业街区、背街小巷等更新改造和完整社区建设布局口袋公园。鼓励在居住区、中小学校、幼儿园周边建设口袋公园。

③保护利用历史文化资源。鼓励结合古树名木、古桥古井等历史遗存保护建设口袋公园。历史文化街区和历史地段范围内建设的口袋公园，要注重与历史风貌环境的协调统一。

## 4.4 口袋公园的设计要点

### 4.4.1 口袋公园的场地分析

口袋公园体量虽小，但建设之前的场地调研分析依旧非常重要。口袋公园需结合场地位置、周边自然及人文环境，以及不同人群的使用需求来量身打造，将其使用价值发挥到最大。

位于住宅区的口袋公园的适用人群较为复杂，各种年龄阶段的人都有，因此在调研场地时要考虑到不同人群的使用需要，尤其是在娱乐设施的设置上，要兼顾不同年龄段人群的具体需求。例如，儿童需要的滑梯、沙池，青少年需要的篮球场、羽毛球场等运动场所，中年人需要的慢行或慢跑道，老年人需要的广场舞空间或者闲坐、聊天的场地。

商务型口袋公园主要位于写字楼附近，其使用者主要为在该片区工作的白领人群，他们午饭后常在这里散步、小憩、放松身心……这类人群审美要求较高，因此在植物的选择和配置，以及公共设施的设计上要注重艺术性。

位于交通枢纽处的口袋公园，主要使用群体为路人，应满足短暂休息的需求，因此各类座椅的设置尤为重要。

商业区的口袋公园主要分布在商场周围，很多人喜欢在商业区内碰面或者聚会，口袋公园可以为他们提供合适的等人和交流场所。带孩子逛街也是较为常见的休闲方式，因此公园里除了设置充足的座椅、特色艺术装置等，也要适当设置儿童游玩空间。

位于深圳市华润万象天地商业四层的口袋公园为孩子们提供了游玩空间

方便人们休憩的可移动家具

◎水滴花园/大小景观（设计）/南西摄影（摄影）

### 4.4.2 口袋公园的边界设计

由于口袋公园体量小且分布位置比较灵活，因此在公园边界设计上也有着比较灵活的处理方式。其中较为常见的是在公园边界处安置护栏、护墙等，将公园内部与外部空间隔离开，以确保内部空间的安全性。除此之外也可以采用坡道、台阶、长椅靠背、绿化隔离带等作为口袋公园的边界，既具有引导人们进入公园的作用，又能提供休憩空间，形成新的休闲带。位于商业区的口袋公园，其各个边界空间往往是最为活跃的地带，所以在边界的处理上应考虑开放式边界，更方便人们进入其中。

植被作为花园边界
◎上海曹家渡花园更新设计/VIA维亚景观（设计）/孙轶家（摄影）

### 4.4.3 口袋公园的内部空间设计

#### （1）活动场地设计

口袋公园的使用价值非常重要，由于场地本身面积较小，因此每一寸土地都要合理利用起来，发挥其最大的使用价值。公园功能区的划分应当满足使用者的需求。

《城市口袋公园设计导则》（T/CECA20028—2023）指出，口袋公园活动场地的设计应符合以下规定。

①合理布局儿童、老年人、残障人士活动场地，宜充分考虑其行为、心理特性，确定其活动场地的位置和规模，保证场地使用的安全性和舒适性。

②运动健身场地的布置，应考虑场地日照、盛行风向等条件，并根据需要设置缓冲区域和防撞设施。

③活动草坪的规模宜与环境协调，应保证公众玩耍、奔跑、组织活动的安全要求，宜结合微地形进行设计，坡度宜平缓顺滑，并选择耐践踏的品种。

此外，口袋公园活动场地的设计应结合当地气候条件，冬季满足日照需求，夏季满足遮阴需求。活动场地的功能、容量、布局、软硬活动场地比例和设施体量相等，应与场地人流相适应，保证公众使用的舒适度和实用度，避免活动场地或设施多而无用。

口袋公园内的中心景观和趣味活动空间

◎上海曹家渡花园更新设计/VIA维亚景观（设计）/CreatAR Images（摄影）

### （2）道路设计

口袋公园内部通常禁止机动车驶入，因此在道路设计时只需考虑步行道路和自行车道即可。口袋公园内道路的尺度可以通过周边的建筑、绿地和景观小品来控制。步行道不仅要适合散步，还要考虑到使用者驻足、休息和交流等活动需要，因此可在步行道上设置一些休息空间。在规划初期，就要决定是否允许自行车入内，如果决定允许自行车进入，则需要设置宽阔平坦的道路和大转弯半径的弯道。

### （3）地面铺装设计

口袋公园的地面铺装材料应平整防滑、经济耐用，并满足场地所需的荷载要求，满足公众行走和活动的安全性与舒适性需求，合理运用透水铺装材料，科学确定透水铺装的使用比例。口袋公园内常见的地面铺装材质包括混凝土、石块、花岗岩、透水地砖、鹅卵石等硬性材质，以及以草坪为代表的软质铺装材料。铺装材质的选择要结合公园所处的地理位置、主要用途，以及总体设计风格而定，不同功能区可选择不同的铺装材质并且设计不同的图案，以此突出不同空间的特质。在设计中，将地方特色融入铺装图案中，会加强人们对该街区的印象和归属感。

老年人、儿童及残障人士活动场地的铺装设计应满足安全防滑要求，宜选择柔性、耐磨、安全环保的地面材料。运动健身场地铺装应与运动类型相适应，满足运动安全开展的要求，并根据运动项目需求，喷涂相关体育标识。

上海乐山绿地口袋公园内部的跑道铺装

◎上海乐山绿地口袋公园/VIA维亚景观（设计）/CreatAR Images（摄影）

### （4）植物选择与配置

在选择植物时，首先要考虑的是抗病性和抗虫性较好的本土品种，因为它们在长期进化过程中已经对周围环境有了高度的适应性，并能突出地域性植物景观特色。绿化树种、草种的选择要考虑实际情况，干旱缺水地区应优先选用耐干旱、抗风沙的灌木树种和草种；沿海地区应优先选用耐盐碱、耐水湿、抗风能力强的深根性树种；水土流失严重地区应优先选用根系发达、固土保水能力强的防护树种、草种；水热条件好、土层深厚地区应优先选用生长快、产量高、抗病虫害的优良树种；台风多发地区应选择抗风的植物，慎用浅根系乔木，避免将抗风性弱的植物种植于盛行风风道上。

在满足造景、遮阴等功能的前提下，可结合城市口袋公园功能类型，选择具有趣味科普、康养疗愈、招鸟、气味芳香等功能多元的植物，提高植物景观的综合效益。宜对场地内植物进行合理保留，科学选择新增植物品种，确保生态性及景观协调。在景观展示区配置冠形优美、观叶、观花、观果、季相变化明显等具有观赏价值的植物。

儿童活动游憩场地可选择植株高度适宜、趣味性强以及具有自然教育价值的植物。植物配置宜疏朗通透，种植枝下高较高的乔木及低矮整齐的灌木，满足安全隔离及家长看护的需求。

运动健身区的植物配置应保证场地采光、遮阴及通风功能，可于场地周边设计低矮灌木作为隔离，避免冲撞。休闲娱乐区满足聚会交流、安静休息的需求，利用小乔木、灌木营造私密、半私密的空间。入口区可结合景石、标志等景观要素及设施，配置特色植物，作为入口的标志性景观。

公园内以鼠尾草、满天星、矮蒲苇、粉黛乱子草为主的花草组合呈现充满自然野趣的植物氛围，成为城市里珍贵的自然景观，鲜活呈现季相的变化
◎上海新华路口袋公园/水石设计（设计）/陈颢（摄影）

### （5）设施设计

口袋公园的设施设计应坚持以人为本的原则，符合人体工学要求，并满足国家规范和安全要求。设施风格与口袋公园的整体风格相适应，体现特色。无障碍设施考虑老年人、儿童、残障人士的安全使用需求。阳光直射的场地宜避免用反射性高、导热性强的材料；严寒地区，休闲游憩设施材料应满足低温条件下舒适使用的需求。

亭廊等建筑设计在满足结构设计和材料选用安全的基础上，可结合城市口袋公园的主题进行设计，体现特色。休闲座椅是口袋公园的重要组成要素，其形式可增加艺术性，鼓励复合式休息座椅设计。座椅之间的距离设定也要根据口袋公园的主要功能来判断，如果是在公共场所附近，座椅可以相距较近以方便交谈；如果位于较为私密的空间，则座椅间距可适当拉远以保护隐私。雕塑、小品等设施的设计宜与城市口袋公园的设计主题相适宜，体现城市口袋公园的文化特色及个性。儿童游憩设施、运动健身设施应注重使用舒适度，尺寸和形式应满足使用人群的行为习惯特点。

此外，口袋公园中还可设置景石、直饮水、洗手台、置物柜、标识系统等设施，其形式、色彩、材质宜与口袋公园的整体环境相融合，方便市民使用。

上海乐山绿地口袋公园内部的游乐设施及休闲座椅

◎上海乐山绿地口袋公园/VIA维亚景观（设计）/CreatAR Images（摄影）

### （6）照明设计

照明设施既能起到装饰作用，又能在夜间充分发挥指示与引导作用。口袋公园使用人群的活动范围与路线决定了照明设施的位置。设计师需要根据人群的活动强度来确定整体的照明需求，以确保灯光充足、舒适。灯光宜自上而下照射，避免在行人视线范围内产生眩光或对环境产生一定的光污染。在满足照明需求的前提下，还要对照明灯具的体量、高度、尺寸、形式及灯光颜色等进行特定的设计，以满足不同类型口袋公园对灯具的需求。

## 4.5 口袋公园的后期维护

由于口袋公园与其他大型公园相比，在管理和后期维护上往往得不到足够的重视，因此经常会出现"重建设，轻管理"的问题。作为城市公园的良好补充，散落在城市各个角落的口袋公园，不仅盘活了城市中没有被充分利用的土地空间，增加了城市的活力，也拓展了居民的公共活动空间。因此建设好、管理好、维护好口袋公园，对于提高居民生活品质、改善城市生态环境、完善城市功能具有重要意义。在口袋公园的使用中，较为常见的问题有：卫生环境维护不到位、照明不足、配套设施不完善、随意堆放杂物、休闲用地被侵占、植物维护不当等。

因此，在口袋公园的日常维护上，要着重解决上述常见问题。定时对公园进行清扫，并且安放数量充足、分布合理的垃圾桶，积极引导居民文明使用公共空间，不要随意乱丢垃圾；个别地方口袋公园内夜间照明不足，影响附近居民晚上出门活动，因此要在公园内部及周围安装足够数量的照明灯具并定期进行维护，以方便居民夜间活动的安全性；完善供水、照明、道路、坐凳、果皮箱、游戏场地、运动场地等公共基础服务设施；针对随意堆放杂物和侵占休闲用地的行为，相关部门应该定时对侵占口袋公园的各类杂物进行清理，并在周边社区做好宣传教育，引导大家维护共同的活动空间；关注植物的健康状况，以防病变引起的景观质量下降，对影响美观的植物或妨碍居民活动的树枝进行定期检查和修剪，及时清扫植物落叶。

# 参考文献

[1] 李涛，孟娇.城市微更新：城市存量空间设计与改造[M].北京：化学工业出版社，2021.

[2] 张敏.论城市规划与城市土地资源的利用[J].中国高新技术企业，2017（07）：262-263.

[3] 秦虹，苏鑫.城市更新[M].北京：中信出版集团，2018.

[4] T/CECA 20028—2023.城市口袋公园设计导则.

# 案例赏析

ANLISHANGXI

● ● ● ●

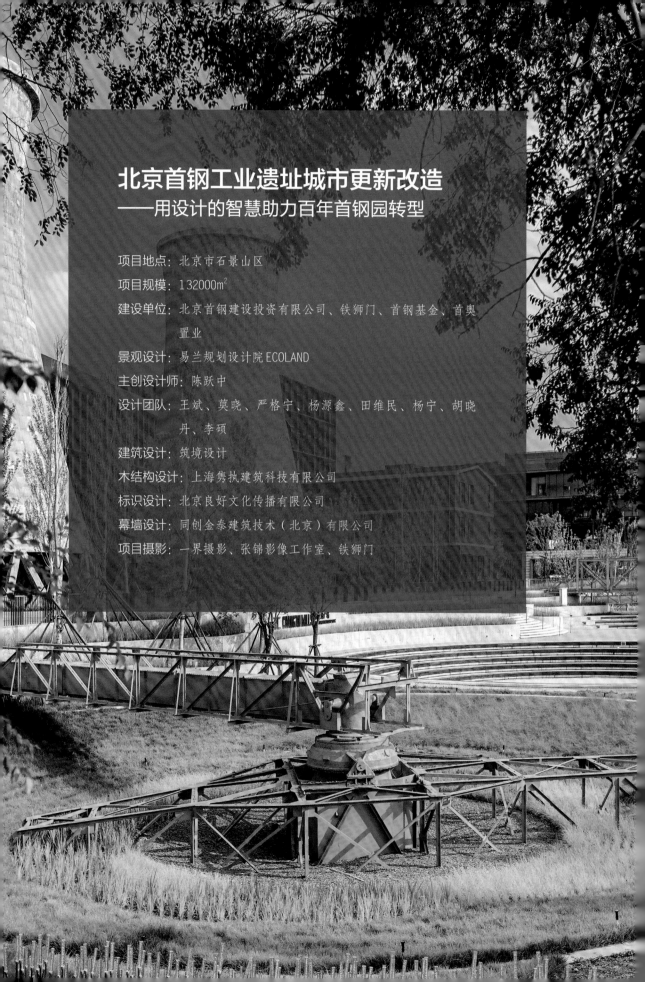

# 北京首钢工业遗址城市更新改造
## ——用设计的智慧助力百年首钢园转型

项目地点：北京市石景山区

项目规模：132000m²

建设单位：北京首钢建设投资有限公司、铁狮门、首钢基金、首奥
置业

景观设计：易兰规划设计院 ECOLAND

主创设计师：陈跃中

设计团队：王斌、莫晓、严格宁、杨源鑫、田维民、杨宁、胡晓
丹、李硕

建筑设计：筑境设计

木结构设计：上海隽执建筑科技有限公司

标识设计：北京良好文化传播有限公司

幕墙设计：同创金泰建筑技术（北京）有限公司

项目摄影：一界摄影、张锦影像工作室、铁狮门

## 01 项目背景

为了首都的绿水蓝天和2008年北京奥运会，首钢自2005年起实施大搬迁，留下来的8.63km²老厂区进行转型发展、涅槃重生，建设新首钢高端产业综合服务区，打造新时代首都城市复兴新地标。借助2022年北京冬奥会的机遇，首钢园区打造"山、水、冬奥、工业遗存"特色景观体系，努力推进"文化复兴、产业复兴、生态复兴、活力复兴"，成为北京城市深度转型的重要标志，成为世界工业遗产再利用和工业区复兴的典范，焕发出澎湃的能量和崭新的活力。

在更新改造过程中，如何把闲置的首钢园区转变成充满商业价值、文化创新和社会活力的新型都市空间，是后工业景观设计面临的全新命题和挑战。过去的记忆不是历史包袱，而应成为重构未来的原点与内核。

由此，设计本着"理解过去的工业，而不是拒绝；包容过去，而不是抹灭"的态度，为场地倾注活力，重构记忆。此项目先后荣获城市土地学会（ULI）亚太卓越奖、中国风景园林学会科学技术奖规划设计奖一等奖、英国景观行业协会（BALI）国家景观奖、国际风景园林师联合会（IFLA）大奖、北京园林优秀设计奖等国内外奖项。

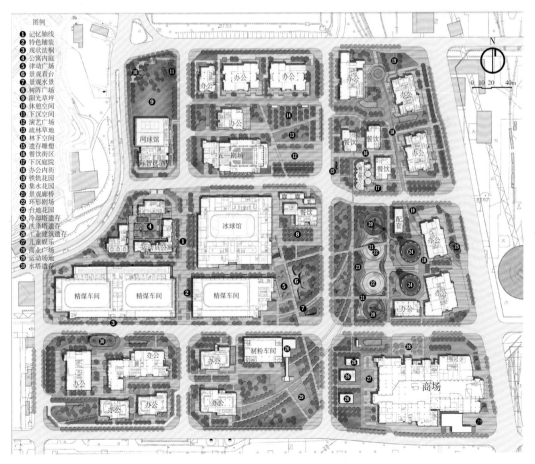

总平面图

（1）核心发展

①文化艺术核心旅游目的地：IP式核心吸引物，文化旅游名片。

②活动多样：持续举办时装秀、歌剧、音乐节、电影等各类活动。

③全区"大心脏"：汇聚人气的城市公共活动广场。

④工业遗存的集合：鱼雷罐车、抱罐车、冷却塔等主要工业遗存的集合地。

（2）生态定位

①绿色基础设施建设：实现低成本维护和可持续发展。

②内聚式核心发展：实现雨水的自然蓄积、自然渗透、自然净化，服务景观功能。

③科普展示：展示生态修复理念，探索生态与后工业结合的发展思路。

（3）与商业办公相结合

①营造识别性强的多功能创意产业园：IP式核心吸引物、办公商业名片。

②活动商业激活产业园区，协同发展：采用购物、旅游相结合的开发模式，吸引大量旅游和购物的人群。

③"花园里办公"的生态理念：重新组织和利用废弃的土地，布置大量的绿色开放空间。

④重现工业文化，植入新的都市情怀：将工业遗迹作为工业文化的见证和标志，加以保护和更新利用。

带有奥运涂装的景观设施

## 02 功能重组，倾注活力：冬训中心

冬训中心位于首钢园北区，总面积12hm²，景观设计面积3hm²。项目通过修复、改造和加建等织补方式，建设符合国际比赛场地要求的冰上训练场馆、高标准的运动员公寓与网球场馆；利用大型车间厂房的空间优势打造"四块冰"——短道速滑、花样滑冰、冰壶和冰球训练场馆；较小车间改造为配套商业；职工网球场改造为网球馆。景观设计与建筑功能紧密结合，将工业遗产与生态绿地、运动精神交织在一起。

设计采取"最小干预"的设计原则和方法，最大限度地保留了工厂的历史信息，场地内遗留下很多运输原料的轨道与管廊，有的被原样保留，有的则被重新建造。在冬训中心广场，线性铺装重现了"铁轨"的在地文化，依据原有轨道的肌理布置。利用线性水景、铺装从冬训中心广场延伸到三号高炉，串联起高线走廊、制粉车间、精煤车间、购物中心、沉淀池、冷却塔、洗涤塔等不同的设计元素和原有景物。人们在这里还可遥望远处的高炉、石景山与首钢大跳台，记忆重构与视觉建构在功能重组的新空间中产生叠加。

遥望远处的高炉、石景山与首钢大跳台

在场地内远望四号高炉

冬训中心广场与三号高炉遥遥相望

在精煤车间东侧开辟入口广场，作为冬训中心建筑前的一个可容纳多种活动的开放性城市更新公共空间，可供举办小型的仪式、集会及演讲。项目通过对工业遗迹的重新挖掘，将其与自然景观有机结合，实现与建筑新功能相适应的交通组织、活动承载、氛围营造，从而使场地具有多种发展的可能性，重新焕发活力。

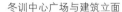

冬训中心广场与建筑立面　　　　　　　　　冬训中心广场的"铁轨"线性铺装

## 03　梳理历史，重塑印迹：六工汇

六工汇位于首钢园北区的核心地块内，占地13.2hm²，是一个由工业遗产改造成为拥有国际甲级办公楼、全新零售餐饮体验，以及充满艺术、文化多功能区域的综合体。

共6幅互通地块，呈C字形与石景山一起环抱冬训中心，形成完整的冬奥广场中部片区景观体系。结合上位规划，围绕"多轴多节点"思路展开整体规划布局，实现对园区结构效果的完美呈现。其中，多轴包括视线轴、开放空间轴、商业轴和高线滨水轴，通过轴线引导空间布局。

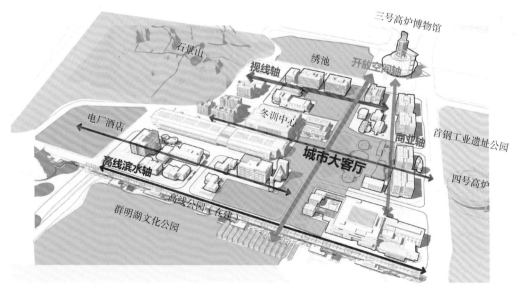

空间结构

　　项目包含五一剧场、工业废水沉淀池、冷却塔等多处特色工业遗存，具有较高的历史风貌保留价值。草率或过于主观的场地设计将会把仅剩的标识物打散，使场地记忆与遗址情感被抹杀殆尽。因此景观设计团队放眼更大的场地研究范围，从空间结构、场地功能、建筑风格、景观形态、场所记忆等多个维度进行剖析，挖掘和重塑大工业时代的印记，并使之成为文化与艺术的核心，同时结合项目定位打造多功能创意产业园区空间。

指向工业遗迹的商业办公空间轴线

　　冷却塔沉淀池运动休闲公园是场地中工业遗存最丰富，最具标志性的地块。现场遗存高差明显，设计团队对其进行了多层次的功能拆解与重构。4座沉淀池是直径约30m的下沉空间，根据场地核心定位，中间两座沉淀池改造为可提供活动和休憩空间的下沉开放广场，铺装与绿植结合的台阶可供人休息；两端沉淀池作为收纳雨水的下凹绿地，保留刮泥器工业遗存符号，形成"定格的时钟"意向。

冷却塔沉淀池运动休闲公园效果图

冷却塔沉淀池运动休闲公园实景

各种音乐会等主题活动接连不断

收纳雨水的下凹绿地

　　4座沉淀池隔断了商业空间与冬训中心的地块交通，因此增设步行桥作为交通连线。步行桥设计语言与工业遗存钢架呼应，保持了历史风貌的延续性。以流线型带状台地丰富高差边界，同时为公众提供剧场看台及休息设施。

步行桥设计语言与工业遗存钢架呼应，保持了历史风貌的延续性

增设步行桥作为交通连线

流线型带状台地丰富高差边界，同时为公众提供剧场看台及休息设施

　　六工汇购物中心坐落于滨水轴与商业轴的交点位置，依托工业遗存和冬奥运动主题，定位"创建跨界产业总部社群，打造新型微度假式的生活方式"，致力打造汇聚低密度的现代创意办公空间、复合式商业、多功能活动中心和绿色公共空间的新型城市综合体，将以国际化视野打造北京科技创新、文体创意和独特生活方式的新名片。

六工汇购物中心

六工汇推出了一系列活动，吸引了众多市民来此打卡

### 04　借景入镜、重构记忆：星巴克咖啡厅

　　首钢园区中，在冬奥会组委会办公区东侧，有一个独具特色的独立小型建筑，占地面积2225m²。该建筑由原干法除尘器罐体设备旁的控制室改造而成。原控制室有3层，为了形成冬奥会组委会办公区向东的良好视线体验，将遮挡罐体主体的干粉除尘设备室二、三层拆除。通过架空挑檐等设计手段强调了咖啡厅的横向线条，与其背后的除尘罐体形成强烈的横纵构图关系。

咖啡厅南侧较为开敞的空间

静水面倒映咖啡厅的灯光

　　改造的咖啡厅南端是高大的三号高炉，烈焰般赤红色的灯光效果使其成为园区中非常独特的打卡景点。设计团队为加强咖啡厅南侧室内与三号高炉和工舍酒店的对视框景关系，在窗外专门打造了较浅的静水池，恰好能够充当反射的镜面。实景与镜像相互映衬，使咖啡厅南端的

室内卡座成为观赏三号高炉的最佳位置。

2019年，星巴克咖啡厅开业，成为早期入驻首钢园区的项目之一，很快成为大众聚会、交往、休憩的空间。具有独特工业风格的星巴克咖啡厅和首钢园区完美结合，成为京郊网红打卡必去之地。

咖啡厅边的静水面倒映高炉的"火光"

## 05 结语

对于首钢这样一个后工业园区，它的重生借助了很多良好契机，有后工业时代的国家政策和发展规划，也有协办冬奥会的有利条件，同时又具备良好的厂区现状。厂区内部大量的工业遗存和周边优美的山水之势相得益彰，可谓天时地利人和。设计要做的，就是整合这些有利资源，给予地块新生。

风景园林师用设计的智慧助力百年首钢园转型，沉浸式参与首个设立在城市工业遗址上的永久奥运场地设计工作，以设计之力赋能冬奥，为工业遗产再利用和城市更新做出重要贡献。

项目采用生态技术，通过雨水收集和植物修复，一方面处理工业遗址潜在的土壤污染，另一方面保持场地的可持续性，最终将整个地块打造成一处低维护的城市开放空间

场地里有多处特色工业遗存，具有较高的历史风貌保留价值

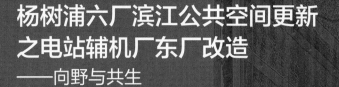

# 杨树浦六厂滨江公共空间更新
# 之电站辅机厂东厂改造
## ——向野与共生

项目地点：上海市杨浦区电站辅机厂东厂

基地面积：11147.6m²

设计时间：2017~2018年

建设时间：2018~2019年

建设单位：上海杨浦滨江投资开发（集团）有限公司

总体规划与贯通设计：致正建筑工作室/刘宇扬建筑事务所/大舍建筑设计事务所

配合团队：集良建筑事务所/一宇设计/上海罗朗景观工程设计有限公司

辅机厂东厂深化设计：刘宇扬建筑事务所

主持建筑师：刘宇扬

项目主管：郭怡妦

设计团队：陈卓然、梁晓、王乙涵

结构顾问：和作结构建筑研究所

灯光顾问：上海富豹莱景观灯光设计有限公司

水工设计：中交水运规划设计院有限公司

景观水电：上海贵熹景观设计事务所

设计总包：悉地（苏州）勘察设计顾问有限公司

施工总包：上海园林（集团）有限公司（陆域），上海市水利工程集团有限公司（水域）

主要景观材料：透水沥青混凝土、风化花岗岩、现场混凝土砌块、黄石、钢板氟碳漆喷涂

摄影：陈颢、田方方、刘宇扬建筑事务所

文章撰写：孔秋实、刘宇扬

## 01 总体规划与定位

项目总体区位在上海杨浦大桥以东，隶属于杨浦滨江南段。这一片原先为"杨树浦工业带"——杨树浦路以南、濒临黄浦江，西起秦皇岛路，东至黎平路的条带状工业聚集区域。自西向东横跨六个历史厂区，分别为电站辅机厂西厂、国棉九厂、电站辅机厂东厂、上海制皂厂、杨树浦煤场及杨树浦煤气厂，面积约15万平方米，拥有约1.2km的水岸线。作为上海近代工业的发源地，滨江工业带绵延十数里的工厂区具有时间早、类型多、分布广、规模大等特点。设计以密集的工业厂区（300～500m一段）为节点，体现了公共空间的多样性。

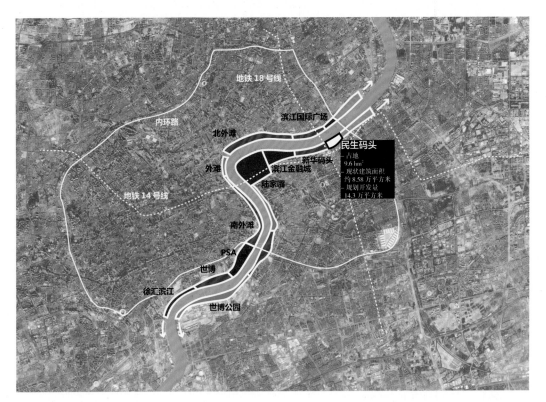

黄浦江两岸区位总图

继完成浦东民生码头贯通项目之后，致正建筑工作室、刘宇扬建筑事务所和大舍建筑设计事务所，三家独立事务所于2018年起受邀参与杨浦滨江南段公共空间的前期策划与概念规划，并以集群模式组织联合工作组，由致正建筑工作室牵头完成全过程贯通设计和分段区域的深化设计。最终希望实现有限介入和低冲击开拓，以最小限度的人工介入，最大限度地保留工业码头的原真性。

除了参与牵头总体规划和贯通设计，刘宇扬建筑事务所也具体承担了其中电站辅机厂东厂区域的深化设计及后期现场配合与落地。

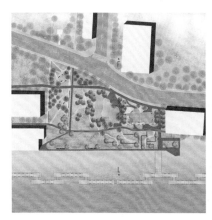

场地彩色平面图

建成场地实景鸟瞰

杨浦滨江二期工程完工后的夜景鸟瞰

## 02 电站辅机厂东厂

　　场地为上海电站辅机厂东厂原址。以铜梁路为界，1949年前，分别属于一战时期建立的三井木工厂及1921年间建立的慎昌洋行工厂。其中，慎昌洋行工厂专业制造机器在20世纪30年代曾先后参与上海龙华机场、外滩中国银行等重要工程。

　　1952年，两厂与慎昌洋行在杨树浦路西侧另一厂区合并为浦江机器厂，本区域称为东厂，并于1953年成立上海锅炉厂。1980年，电站辅机厂由锅炉厂分出独立经营，分为东西两厂，成为国内规模最大、品种最多的电站辅机制造专业企业，以及我国核电设备制造的骨干企业。2004年，东厂内原慎昌洋行地块作为上海滨江创意产业园试运行，运行期间对上海及亚洲地区老厂房保护及功能再造多有启发。

原基地鸟瞰

建成场地鸟瞰 改造后保留下来的厂房

场地剖面示意图

## 03 设计策略与景观布局

　　方案基于"保野趣、保生鲜、保慢活、保自然"的总体规划愿景，通过低扰动介入的方式，保留现场香樟林，并将原有的一座仓库改造成为开放式的共生构架。设计重点挖掘场地历史肌理，因地制宜地引入慢行系统，以历史遗迹（如内河）、建筑遗址为印记，重塑景观结构，打造印记花园、野趣区、生态水池等景点。使场地不仅是承载城市生活的滨江开放空间，也具备江南园林移步异景的趣味性。

场地及建筑原貌

现场保留的香樟林

穿越场地的跑步道

厂房改造后的共生构架及跑步道

印记花园

野趣区景观

共生构架与雨水花园夜景

### （1）共生构架

共生构架原为锅炉厂（1953～1979年）期间建成的老厂房，因安浦路通过而需要被拆除。设计利用道路斜切角度，对原结构采取一半拆除一半保留的加固策略，形成特殊的形态和几何关系，并结合新旧门窗洞口，打开屋顶，引入阳光和绿化，加入亲子沙坑、景观造坡，使墙里墙外形成一体。这样既保留了老锅炉厂的空间样貌，又转化成了供市民休憩活动的开放场所，成为建筑与景观、历史与城市的共生构架。

规划道路穿越原有厂房，设计采取一半拆除一半保留的策略

改造后的遗留厂房

开放的共生构架

打开屋顶的共生构架

共生构架下的活动空间

共生构架立面样式

共生构架下的亲子活动沙坑

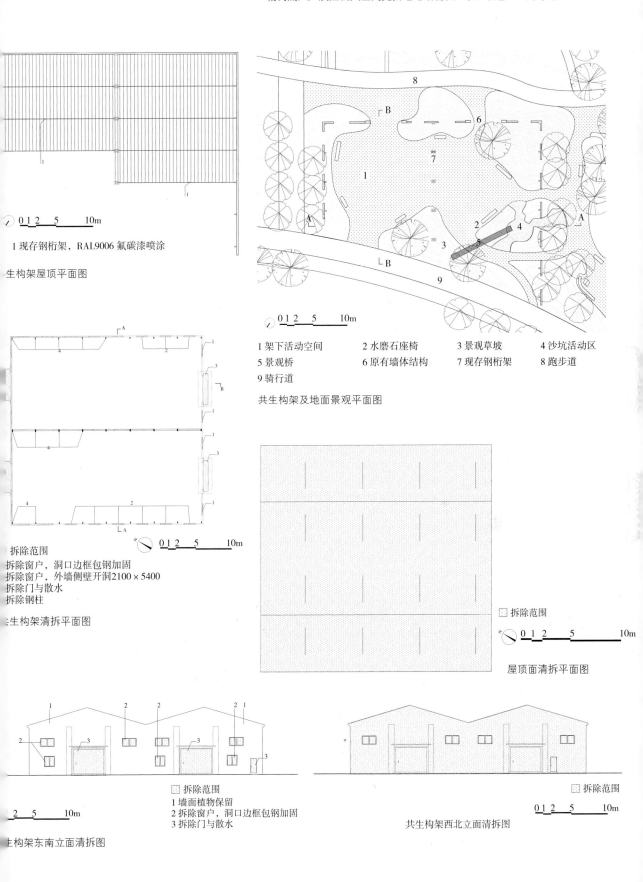

1 现存钢桁架，RAL9006 氟碳漆喷涂

生构架屋顶平面图

1 架下活动空间　　2 水磨石座椅　　3 景观草坡　　4 沙坑活动区
5 景观桥　　6 原有墙体结构　　7 现存钢桁架　　8 跑步道
9 骑行道

共生构架及地面景观平面图

拆除范围
拆除窗户，洞口边框包钢加固
拆除窗户，外墙侧壁开洞2100×5400
拆除门与散水
拆除钢柱

生构架清拆平面图

屋顶面清拆平面图

拆除范围
1 墙面植物保留
2 拆除窗户，洞口边框包钢加固
3 拆除门与散水

生构架东南立面清拆图

共生构架西北立面清拆图

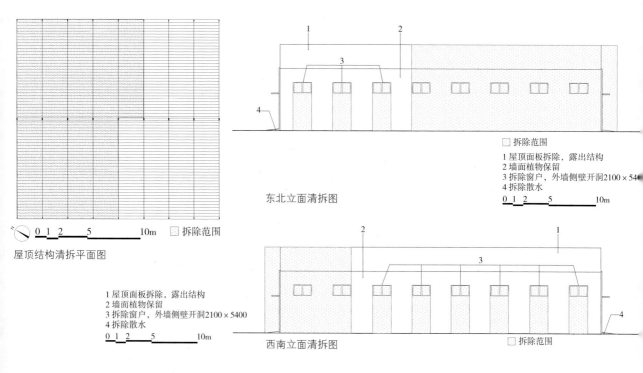

□ 拆除范围
1 屋顶面板拆除，露出结构
2 墙面植物保留
3 拆除窗户，外墙侧壁开洞2100×54
4 拆除散水

东北立面清拆图

0 1 2    5              10m

屋顶结构清拆平面图

0 1 2    5              10m  □ 拆除范围

1 屋顶面板拆除，露出结构
2 墙面植物保留
3 拆除窗户，外墙侧壁开洞2100×5400
4 拆除散水

0 1 2    5              10m

西南立面清拆图                    □ 拆除范围

## （2）印记花园

保留原厂房的轮廓，利用原建筑破碎后的材料砌墙，再现了原场地的遗迹；通过景观堆坡与园路的引入，将室内办公空间转化成了花园的日常，与漫步道一同联系了工业厂区与黄浦江岸的景观。

印记花园游园般的景观步径

印记花园石笼挡土墙

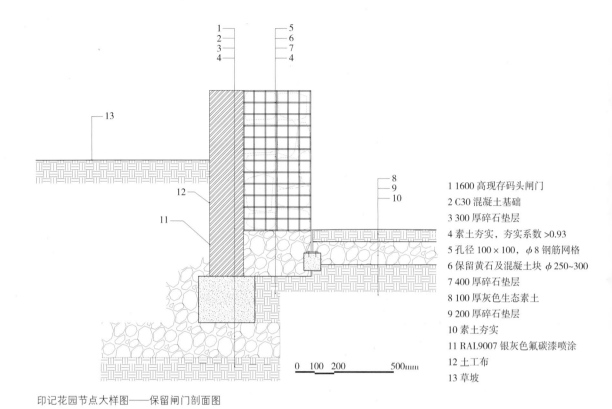

1 1600 高现存码头闸门
2 C30 混凝土基础
3 300 厚碎石垫层
4 素土夯实，夯实系数 >0.93
5 孔径 100×100，φ8 钢筋网格
6 保留黄石及混凝土块 φ250~300
7 400 厚碎石垫层
8 100 厚灰色生态素土
9 200 厚碎石垫层
10 素土夯实
11 RAL9007 银灰色氟碳漆喷涂
12 土工布
13 草坡

0 100 200　　　500mm

印记花园节点大样图——保留闸门剖面图

### （3）野趣区

在原内河及厂房遗址上，用混凝土砌块墙重现原厂房空间，营造人工草甸景观（向野草甸），鼓励人们参与活动和观察，在草甸变迁与演化的过程中体会上海的四季。

向野草甸

野趣区游玩步径

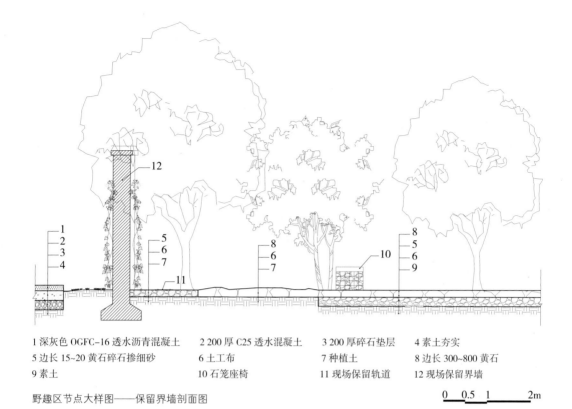

1 深灰色 OGFC-16 透水沥青混凝土　　2 200 厚 C25 透水混凝土　　3 200 厚碎石垫层　　4 素土夯实
5 边长 15~20 黄石碎石掺细砂　　6 土工布　　7 种植土　　8 边长 300~800 黄石
9 素土　　10 石笼座椅　　11 现场保留轨道　　12 现场保留界墙

野趣区节点大样图——保留界墙剖面图

0 　0.5 　1 　2m

### （4）生态水池

　　生态水池采用海绵城市理念，将场地中的雨水收集到原厂房和内河的遗址上，并与地下水位相连接。它是人们与黄浦江的自然联系，也是亲子互动亲水的场所。

水位随季节而变化的生态水池

水岸边郁郁葱葱的植物和休息区

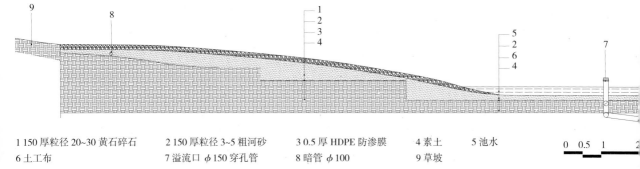

1 150 厚粒径 20~30 黄石碎石　　2 150 厚粒径 3~5 粗河砂　　3 0.5 厚 HDPE 防渗膜　　4 素土　　5 池水

6 土工布　　7 溢流口 φ150 穿孔管　　8 暗管 φ100　　9 草坡

生态水池区剖面图

## 04　理念与技术特点

### （1）关于"向野草甸"

在杨浦滨江辅机厂景观设计中，设计师们以"向野草甸"为概念，以人工草甸组合的方式营造一种趋向于自然草甸的生态自循环的生境，协助原本的工业空间在转化为城市日常生活空间的同时建立起场地自身的生态系统以适应环境的扰动。设计摒弃耗水量较多且品种单一的传统草坪，以籽播方式搭配多达 30 个品种、8 个组合的草籽配置，在不同季节呈现出自然草甸的生长样貌，有盛花之美，也有枯叶之景，是自然周期的呈现，是江南的文化基因，也契合了永续生态的理念。

"向野草甸"一方面传达了饶富野趣的生态美学，另一方面阐述了滨江工业遗址空间的时间演化。它不是一个在竣工后就停止改变的固化景观，而是在施工过程中和完工后，在人为干预和自然因素的共同作用下，使场地如同真实的大自然一般应对气候和环境的扰动，进而生长出更加多元化且适应场地的植被，呈现出不同时间的植被演替，以寻求自然栖地与人工栖所之间的共性与平衡。而观察植被消长的过程本身就是生态教育的一环。

向野，是乡野，也是"像野"。设计师们受乡村田野的自然景观启发，向充满野趣的生态

融入草甸的共生构架

加固后的建筑墙体和内外融合的景观空间

环境致敬，通过轻介入设计的方式，创造出一种既像野生又不全然是野生的向野美学。"向野草甸"是杨浦滨江的一次生态美学创新实验。通过"向野草甸"，设计师们希望能为上海市民带来与自然的美好相遇。

30个草籽品种、8个组合的向野草甸

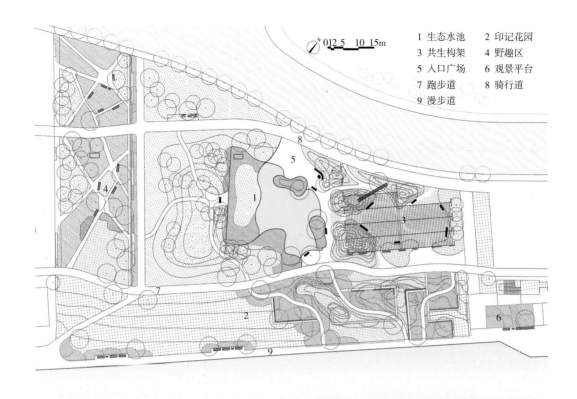

1 生态水池　　2 印记花园
3 共生构架　　4 野趣区
5 入口广场　　6 观景平台
7 跑步道　　　8 骑行道
9 漫步道

千屈菜　　柳叶马鞭草　　无尽夏　　山桃草　　常春藤　　凌霄　　野蔷薇　　柽柳

草甸组合 1　　草甸组合 2　　草甸组合 3　　草甸组合 4　　草甸组合 5　　草甸组合 6

植被种植图

### （2）关于"生态石笼"

城市更新与城市功能变迁造成了工业空间转型，并不可避免地产生了工程废弃物。处理这些建筑废料需要大量掩埋场地。而本厂区的建筑废料，特别是混凝土砌块属于稳定物质，且未经受化学污染，既能定性为废料，也能定性为原材料。受混凝土本身似石非石的特性启发，设计师秉持着再现场地历史肌理以及低碳设计的方向，从设计端开始考虑减废设计原则，将原本需要被丢弃掩埋的混凝土砌块作为原材料，分别以生态水岸石笼和石板步道的形式对其进行演绎。

生态水岸石笼借助石块的配置增加多孔隙，为更多生物提供生存之所，并有一定的自重及结构强度。设计师们将以往需要开山取得的石材以混凝土砌块取代，一方面从设计源头减少了石材的消耗和工程废弃物的产出；另一方面混凝土本身似石非石的特性被凸显了，重新作为一种材料被认识，其经年累月的历史痕迹更加温润，呼应着基地的历史。而混凝土砌块本身粗糙的纹理特征也强调了设计中去精致化的工业美学。

如果说混凝土砌块置换生态水岸石笼的做法通常适用于相对大型的景观工程；那么混凝土砌块置换石板步道中的石板则是一种从城到乡到家都可实施的工法。设计师们希望通过在辅机厂的这种低碳美学的尝试，为上海城市更新提供工程技术与材料再利用的创意实践参考。

石笼挡土墙远景

石笼挡土墙近景

融入自然环境的石笼挡土墙

### （3）关于"海绵城市"

　　设计师们采取了全场地海绵设计的策略，从铺装材料渗水到植物吸水，再到地形蓄水、生态水池净水、城市雨洪基础设施等，并借鉴传统江南园林叠山理水的艺术手法，对场地进行整体空间布局。除了运用现代的雨水回收利用技术外，更连接了地块的过去与未来，同时呈现了水源利用技术方案的文化与生态价值，将其呈现在市民日常休闲活动当中，具备示范推广价值。

　　生态水池的设计形成了由不同汇水路径组成的半岛空间。不同高度的黄石驳岸代表着不同的水位高程，而不同的汇水分区构成了生态水池、樟树林、共生构架的对景关系。樟树林与共生构架隔水相望，促成了人与自然之间的对话。设计师们希望这样一种现代工程技术（海绵城市）与传统园林文化理念（叠山理水）的结合，不仅能够成为工业景观转型的美学在地化尝试，同时还能带给上海市民一个具有国际视野又根植于江南水乡的文化体验。

水位丰盈时的生态水池

低水位时的生态水池

# 橡胶厂公园：华谊万创·新所

## ——老橡胶厂变身高科技复合型企业园区

项目地点：上海市闵行区

景观面积：47230m²

建成时间：2021 年

景观设计：大小景观

设计团队：钟惠城、王迪、蓝皓、凌齐美、林娟、熊铮铮、张艺斌

业主方：华谊化工实业、上海万科、闵行弄升

建筑设计：水石设计、行之建筑设计事务所

景观施工图：水石设计

景观施工：上海誉驰景观工程有限公司

标识设计：澳颖设计咨询（上海）有限公司

摄影：南西摄影

## 01 项目背景

橡胶厂公园的原址为大正橡胶厂。"大正"二字来源于两家民族橡胶企业的合并——大中华橡胶厂与正泰橡胶厂。它们是我国橡胶工业史上创立了多个里程碑成果的民族企业。随着近年来上海市产业结构深度调整，橡胶厂生产线迁出，原厂区将重新改造为高科技复合型企业园区——华谊万创·新所。

大小景观受邀参与大正橡胶厂的景观改造，协同业主和各专业团队，为曾经辉煌的民族企业厂区"换芯"，以谋求其在新时代背景下的活力转型。在设计过程中，最重要的议题是如何平衡"新"与"旧"之间的关系。对于场地复杂的旧改项目，设计决策无法用简单的"保留"或"新建"一概而论，设计师们需要根据复杂的场地现状、投资成本与施工条件，做出灵活而恰当的决策。场地的历史不应该被割裂，设计师们希望通过设计让场地在延绵的历史脉络中始终保持鲜活的生命力。

橡胶厂公园鸟瞰图

## 02 旧结构·新业态

大中华橡胶厂建于20世纪20年代，这里曾生产了我国第一双"双钱"牌胶鞋和第一条力车胎，标志着中国民族橡胶工业的诞生。同时期建厂的正泰橡胶厂创立了国内历史最悠久的轮胎品牌"回力"。

大正橡胶厂所呈现出的整体布局并非一日之功，而是在30多年的产业发展中，随着生产需求的变化不断更新，形成如今稳定有序、功能至上的厂区结构。

## 20 世纪 20 年代

● **大中华橡胶厂建立**

标志着中国民族橡胶工业的诞生，生产了我国第一双"双钱"牌胶鞋和第一条力车胎

● **正泰橡胶厂建立**

创造了我国历史最悠久的橡胶品牌"回力"

## 20 世纪 30~40 年代

**诞生轮胎工业** ●

大中华橡胶厂
"双钱牌"汽车轮胎
正式批量生产

正泰橡胶厂
成功试制第一条"回力牌"
汽车轮胎

## 20 世纪 50~80 年代

● **闵行分厂建立**

试制成功中国第一条人造丝轮胎和第一条全钢丝子午线轮胎

"双钱牌"全钢丝子午线轮胎实现出口

大中华橡胶厂投资 4.1 亿元兴建闵行分厂

## 1990 年

**强强联合"大正"成立** ●

大中华橡胶厂和正泰橡胶厂联合，正式组建上海轮胎橡胶(集团)公司

## 2010 年

**产业迁出** ●

随着上海产业结构调整，闵行基地停产，留下完整的厂区亟待更新……

大正橡胶厂的历史轨迹

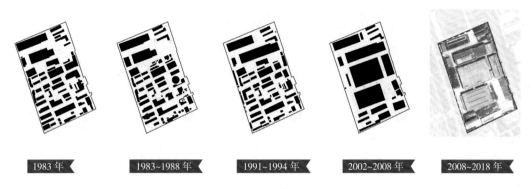

| 1983 年 | 1983~1988 年 | 1991~1994 年 | 2002~2008 年 | 2008~2018 年 |

厂区场地结构的布局演变

　　华谊万创·新所是新时代赋予大正橡胶厂的新身份：一个以科创研发为主的企业总部园区。新的规划中不仅包括企业办公区域，还将引入配套商业与运动健身等多种业态，为未来入驻的企业提供一个开放健康的办公环境。景观在回应不同业态基本需求的同时，还引入了更为丰富的户外使用场景，希望为整个社区带来充满活力的公共生活。

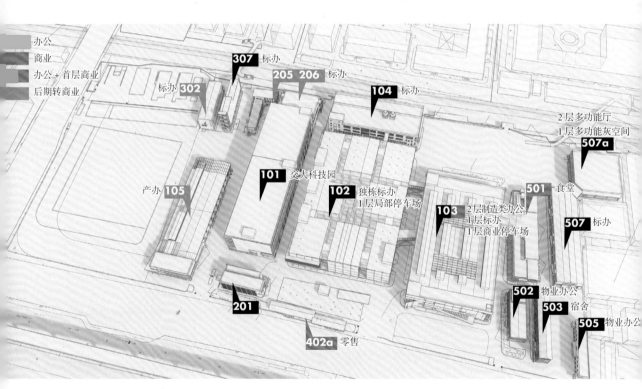

华谊万创·新所的业态规划

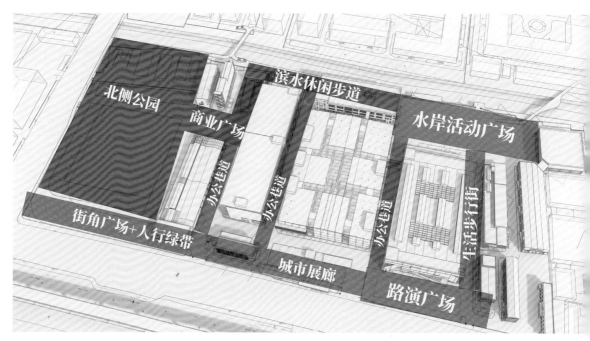

充满活力的公共生活场景

## 03 旧空间·新体验

在多次走访现场之后，设计师们对园区内空间进行了系统的梳理与分类，通过对空间类型的分析和现场状态的评估，提炼出其各自的特质与设计挑战，并由此生成了相应的景观设计策略。

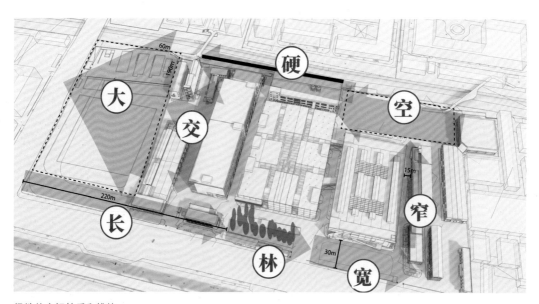

场地的空间特质和挑战

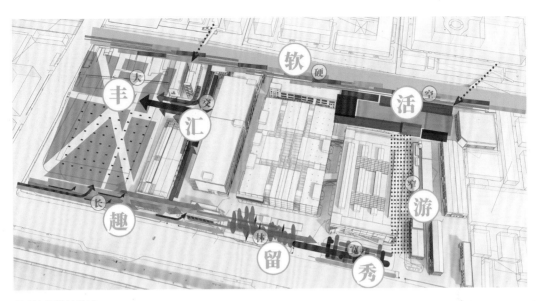

景观空间设计策略

### （1）大正秀场

大正秀场是103建筑与沪闵路人行道之间的广场空间，是面向沪闵路的主要展示界面，也是园区的步行主入口。作为沪闵路界面上的主要活动场所，设计师们希望在视觉呈现之外，能够为使用者带来一处具备公共属性的城市客厅，以承载更加丰富的生活场景。

大正秀场鸟瞰

改造前的103厂房及前广场

改造后的大正秀场成为公共生活的客厅

改造前的102厂房和入口广场

景观材料和颜色与建筑立面相呼应

　　为了营造开放友好的空间氛围，广场与人行道的边界处理尤其重要。原场地与市政人行道之间有300～600mm的高差，由厂房围墙隔开。围墙拆除后，设计师们利用边界的高差，设计了一条面向广场的座席带。这条座席带结合种植池和滑轨家具，在人行道一侧形成视野通透的休憩节点，在广场一侧则形成向内的围坐空间。

原广场与城市道路被一堵围墙隔开

围墙拆除后的边界成为充满活力的座席带

围墙拆除前封闭而内向的环境

围墙拆除后开放的空间吸引了更多人群的来往与驻留

　　从建筑立柱延伸而出的"轮胎痕"铺装与建筑结构框架一一对应，使建筑中包含的历史记忆延续到新生的环境之中。

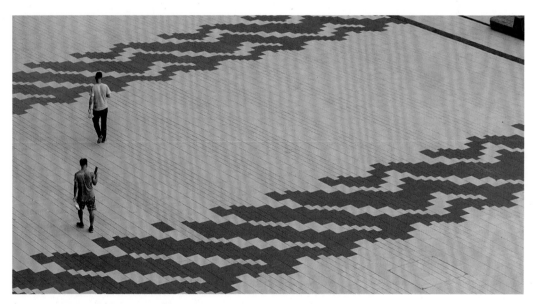
铺装的"胎痕"象征着大正迈向未来的足迹

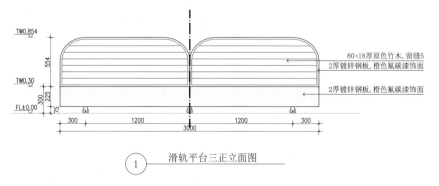

TW0.854

554

TW0.30

300
225

FL±0.00
75

300　　1200　　　　　1200　　300
3000

80×18厚原色竹木，留缝5
2厚镀锌钢板，橙色氟碳漆饰面

2厚镀锌钢板，橙色氟碳漆饰面

① 滑轨平台三正立面图

大正秀场家具详图

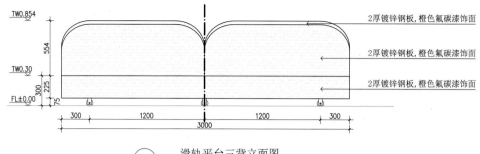

TW0.854
554
TW0.30
300
225
FL±0.00
75

2厚镀锌钢板,橙色氟碳漆饰面
2厚镀锌钢板,橙色氟碳漆饰面
2厚镀锌钢板,橙色氟碳漆饰面

300 1200 1200 300
3000

② 滑轨平台三背立面图

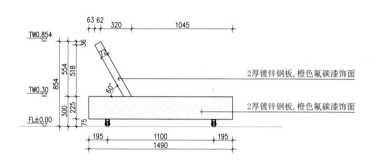

63 62 320 1045
36
TW0.854 72
554
518
854
TW0.30
300
225
FL±0.00
75
60°

2厚镀锌钢板,橙色氟碳漆饰面

2厚镀锌钢板,橙色氟碳漆饰面

195 1100 195
1490

③ 滑轨平台三侧立面图

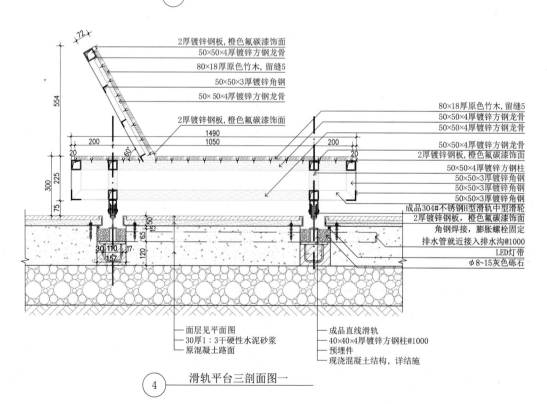

72

2厚镀锌钢板,橙色氟碳漆饰面
50×50×4厚镀锌方钢龙骨
80×18厚原色竹木,留缝5
50×50×3厚镀锌角钢
50×50×4厚镀锌方钢龙骨

554

2厚镀锌钢板,橙色氟碳漆饰面

80×18厚原色竹木,留缝5
50×50×4厚镀锌方钢龙骨
50×50×4厚镀锌方钢龙骨

1490
1050

200 200

50×50×4厚镀锌方钢龙骨
2厚镀锌钢板,橙色氟碳漆饰面
50×50×4厚镀锌方钢柱
50×50×3厚镀锌角钢
50×50×3厚镀锌角钢
成品304#不锈钢H型滑轨中型滑轮
2厚镀锌钢板,橙色氟碳漆饰面
角钢焊接,膨胀螺栓固定
排水管就近接入排水沟@1000
LED灯带
φ8~15灰色砾石

300
225
75

20 60° 20

150
65
120

30 110 17
157

面层见平面图
30厚1:3干硬性水泥砂浆
原混凝土路面

成品直线滑轨
40×40×4厚镀锌方钢柱@1000
预埋件
现浇混凝土结构,详结施

④ 滑轨平台三剖面图一

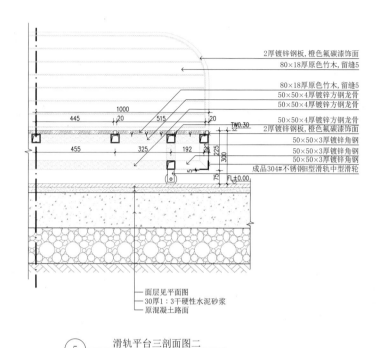

2厚镀锌钢板,橙色氟碳漆饰面
80×18厚原色竹木,留缝5

80×18厚原色竹木,留缝5
50×50×4厚镀锌方钢龙骨
50×50×4厚镀锌方钢龙骨

50×50×4厚镀锌方钢龙骨
2厚镀锌钢板,橙色氟碳漆饰面
50×50×3厚镀锌角钢
50×50×3厚镀锌角钢
50×50×3厚镀锌角钢
成品304#不锈钢H型滑轨中型滑轮

1000
445    20    515    20
455         325    192

TW0.30
300
225
75
FL±0.00

— 面层见平面图
— 30厚1：3干硬性水泥砂浆
— 原混凝土路面

⑤　滑轨平台三剖面图二

大正秀场家具详图

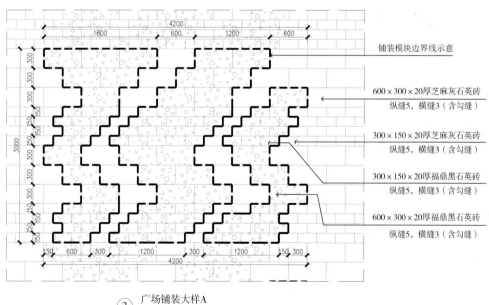

铺装模块边界线示意

600×300×20厚芝麻灰石英砖
纵缝5，横缝3（含勾缝）

300×150×20厚芝麻灰石英砖
纵缝5，横缝3（含勾缝）

300×150×20厚福鼎黑石英砖
纵缝5，横缝3（含勾缝）

600×300×20厚福鼎黑石英砖
纵缝5，横缝3（含勾缝）

4200
1800    600    1200    600
300 300
300
150
150
3000
300
150
150
300
150
150
150 600    300    1200    300    1200    150 300
4200

②　广场铺装大样A

大正秀场局部铺装大样图

（2）紫藤廊架

在主入口原生香樟林的边界处，有一座常年废弃的地下蓄水库，用来包裹水库设备探出地面部分的钢构架，已经被绿地里的一株古紫藤所覆盖。为了保留这株古紫藤，设计师们基于蓄水库原有的建筑结构，将它改造为一个下沉式的紫藤廊架。建造更为坚固的廊架结构支撑紫藤，并利用牵拉钢丝绳以满足日后紫藤的攀援生长。原本的蓄水库内部空间则通过填充，成为一个下沉式的围坐花园，新的生活场景在紫藤花下展开。

原有的地下蓄水库爬满了紫藤，结构已老化

为了保留古紫藤，重塑结构成为景观廊架

基于原有水库的范围和结构进行改造

紫藤下部空间被充分激活，成为宜人的下沉花园

### （3）生活巷

　　大正秀场旁的生活巷是园区内商业最集中的一条小巷，也是连接大正秀场与滨水广场的主要动线。为了打造充满活力的商业步行街，设计对建筑首层立面进行了整体的改造与翻新。考虑到餐饮外摆和大量人行的使用需求，景观重新设计了地面铺装，以抽象的轮胎拼色仿石砖来增强与商业界面的互动。同时引入一组阵列的特色灯柱，结合悬挂灯帘形成灯光走廊，在引导动线的同时营造商业氛围。几株沿街保留的全冠香樟是场地历史的见证者，新的生活场景在树荫下展开。

原有的小巷杂草丛生，两侧建筑的联系也被围墙阻断

清晰而通透的道路空间为丰富的商业活动提供了良好的基础条件　　被保留下来的香樟作为历史的见证者将继续陪伴着厂区

### （4）滨水步道

园区东侧的横泾港水质清澈，驳岸植被丰富，给人非常好的自然体验。但原场地中的围墙封闭了整个滨水界面，在建筑与围墙之间只留有一条狭窄拥挤的后勤小道，空间压抑且消极。设计师们通过拆除围墙、保留乔木、梳理林下地被，在尽可能保留自然体验的同时彻底打开滨水视野。一条环园区的跑道经由水岸，串联起沿途由传送带家具打造的休憩节点，带来更为复合的功能。面向水岸的商铺台阶也被打造为结合坐凳的驻足空间，充分演绎了滨水步道的多种可能性。

横泾港的后勤小道被杂乱的植物和围墙所挤压

改造后的步道拥有了动静结合的空间属性，给人更好的滨水体验

## 04 旧设施，新材料

现状场地的材料是场地特质和历史记忆最直接的表现。设计师谨慎地选择新材料来实现设计效果和使用需求，尽量保留原有的工业特色。在多次走访场地进行评估后，设计师采取了针对性的处理手法，仔细讨论需要保留和翻新的区域。因此，旧与新常常是相互交融的状态，将过去与现在呈现在同一空间内。

保留并重新利用混凝土平台，旧轮胎改造成为休闲坐垫　　景观家具与灯具等细节体现着场地的工业氛围和历史属性

## 05 旧植物，新生活

初次走访场地时，长势良好的植物给设计师们留下了深刻的印象：在空置衰败的厂区中，高大的香樟、水杉、玉兰散发出勃勃生机。因此，留下这片生机给人们带来的自然体验，成为景观设计的首要原则。在与建筑和施工单位多次沟通协调后，设计师们保留了全区147株乔木，这些乔木成为延续场地记忆最重要的载体，舒适的林下空间也成了新生活发生的重要场所。

园区入口现状有一片高大茂密的香樟林

经过梳理的林下空间将更为开放，记录着这个时代的新生活

被地被、灌木层围堵起来的林下空间

林下空间被充分释放，改造后的建筑与环境更加协调地结合在了一起

在漂浮步道的引导下，人们将活动足迹　　原本封闭的树林变得亲切，人们可以自然地步入其中
延伸到了树林之中

飘落在浅色铺装上的落叶给环境带来了季节变换的美丽

## 06 小结

在华谊万创·新所的旧改过程中，设计师们始终保持着对场地现状信息的高敏感与高关注，在旧与新的辩证思考中，为厂区的重振新生寻找最优的解决方案和呈现方式。当场地历史被尘封时，设计师们揭开并予以展现；当场地潜力被发现时，设计师们放大并予以强化；当场地外貌衰败时，设计师们创新并予以激活；当场地表现完好时，设计师们保留并予以延续。简单的"保留"或"新建"，对于旧改项目来说都过于粗暴，难以进行简单的切分。设计师们需要做出既灵活又有创意的设计决定，不求挑剔的"精确"，但求合宜的"准确"。

改造前的道路有林荫夹道的空间

改造后的道路回应了曾经的自然体验

植物带来了季节变化的感知

露台外保留的香樟林

　　场地的成功改造只是新生的第一步，在入驻新的企业后，它的活力才能被充分激活，它对城市的价值才能实现。大小景观联合南西摄影，对改造后的华谊万创·新所进行了为期一年的跟踪记录，期待这个曾经创造了诸多工业成就的场所在未来开启新的篇章。

# 曹杨百禧公园——
## 钢铁绿蔓，潮漾秀谷

项目地点：上海市普陀区曹杨新村街道曹杨路875号
基地面积：10165m²
建筑面积：2892m²
设计时间：2020年10月~2021年08月
建设时间：2021年01月~2021年09月

设计单位：刘宇扬建筑事务所
概念阶段：刘宇扬、梁俊杰、刘泽弘、吴祺琳（实习生）
深化阶段：刘宇扬、吴从宝、刘泽弘、徐嘉瑞、赵明明、刘玉、王茵、钱铮、孙宇昂（实习生）、侯睿菲（实习生）
施工配合：刘宇扬、吴从宝、刘泽弘
项目管理：吴从宝、刘泽弘
设计范围：总体规划、建筑设计、灯光设计、标识设计

景观设计：上海市园林设计研究总院有限公司
导视设计：萬邦智合|聿凡数字科技（上海）有限公司
结构及机电设计：华东建筑设计研究院有限公司
施工总包：中铁市政环境建设有限公司
建设单位：上海市普陀区人民政府曹杨新村街道办事处

摄影师：朱润资
文字撰写：刘宇扬、梁俊杰、刘泽弘

## 01 整体概念与目标

项目基地长近1km，宽度10～15m，前身为真如货运铁路支线，后改为曹杨铁路农贸综合市场。2019年市场关停后，这个空间在不到一年的时间被重新规划建设为一个全新的、多层级、复合型步行体验式社区公园绿地。曹杨百禧公园以"3K"通廊为概念将艺术融入曹杨社区生活，从多维度回应2021年上海城市空间艺术季。设计通过挖掘场地文脉、建构空间场景，得以重塑街道绿网，形成"长藤结瓜"般的南北贯穿的步行纽带，进一步拓展了曹杨社区的有机更新。

作为曾经的铁路用地和随后20多年的农贸市场，这个特殊的线性地块属于超大城市里的典型剩余空间。当看到场地的一刹那，设计师意识到在熟悉的城市中，仍有出乎意料的、蕴藏着惊喜的边角料空间，而如何再利用这类空间是城市化进程进入存量时代的必要思考。

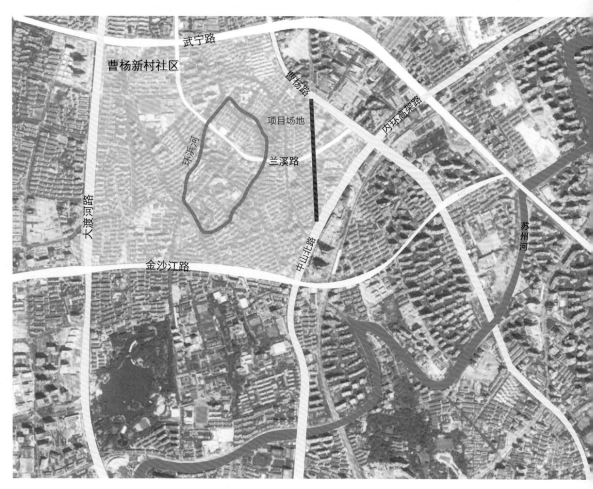

项目区位图

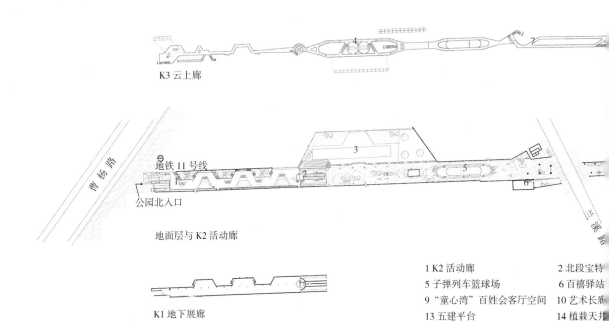

K3 云上廊

地铁 11 号线

地铁 11 号线

公园北入口

地面层与 K2 活动廊

K1 地下展廊

总平面图

| 1 K2 活动廊 | 2 北段宝特 |
|---|---|
| 5 子弹列车篮球场 | 6 百禧驿站 |
| 9 "童心湾"百姓会客厅空间 | 10 艺术长廊 |
| 13 五建平台 | 14 植栽天井 |

北段曹杨路入口鸟瞰

北段兰溪路端小广场与艺术墙

## 02 背景与机缘

作为新中国成立后的第一个规划建设的工人新村，基地所处的曹杨新村代表了一个时代的集体记忆和历史进程。市场沿废弃铁路南北贯穿于紧邻的工人社区，区政府及其街道办为提升区域生活水平与空间品质，将该地目标定义为未来提供居民日常文化休闲活动的城市公园。

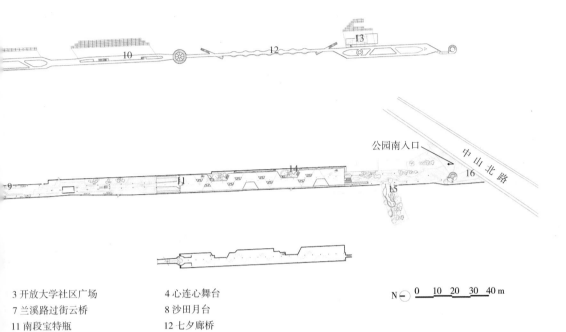

公园南入口

中山北路

公园南入口

N 0 10 20 30 40 m

3 开放大学社区广场　　　　4 心连心舞台

7 兰溪路过街云桥　　　　　8 沙田月台

11 南段宝特瓶　　　　　　　12 七夕廊桥

15 梧桐花园　　　　　　　　16 数字水帘广场

曹杨七村工房外景

曹杨一村集贸市场

曹杨铁路农贸市场

曹杨铁路综合市场

项目伊始，设计团队仅用两天完成首版方案，以不足两周时间调整、敲定方案。此后设计调整与深化协同施工开挖等工作在各个部门协调下同步推进。基础分段完工后预制钢构逐步进场，在不到一年的时间实现了从概念方案设计到最终落成投入使用。

七夕廊桥鸟瞰

## 03 设计策略与场景

狭窄的场地通过立体的设计手段被赋予3倍的空间延展，成为附近住宅、学校、商业办公等区域中不同使用人群在不同时段下休闲活动的边界拓展。由于地铁以及周边楼距的限制，半地下层的开挖深度被控制在1m；首层向上抬高1.4m，预留出部分底层空间作为社区"收纳器"，提供如艺术展览、社区活动、文创集市等临时性功能；同时，为了不造成公共空间对周边小区居民的干扰，南北贯通的高线步道被限定在离地3.8m的高度。

不同标高分层空间　　　通往三个不同标高层的入口

沙田月台地面层活动空间

北段地下展廊

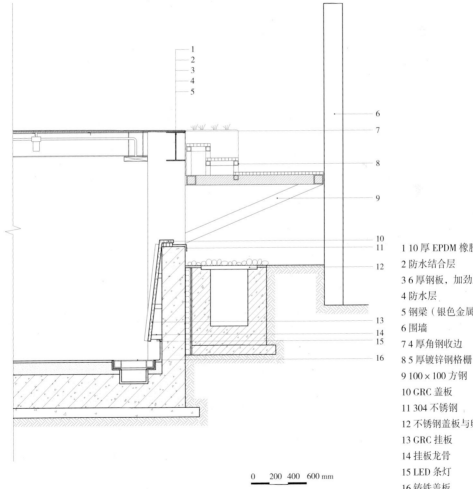

1 10 厚 EPDM 橡胶颗粒
2 防水结合层
3 6 厚钢板，加劲肋 @400
4 防水层
5 钢梁（银色金属防锈漆）
6 围墙
7 4 厚角钢收边
8 5 厚镀锌钢格栅
9 100×100 方钢
10 GRC 盖板
11 304 不锈钢
12 不锈钢盖板与卵石
13 GRC 挂板
14 挂板龙骨
15 LED 条灯
16 铸铁盖板

0　200　400　600 mm

半地下室墙身节点大样图

七夕廊桥节点大样图

1 10 厚扁钢压顶，氟碳漆喷涂　　　2 28×55 扁钢栏杆，氟碳漆喷涂
3 φ60 拉丝不锈钢扶手　　　　　　4 不锈钢编织网
5 室外 LED 照明　　　　　　　　　6 不锈钢条格栅铺装
7 室外灯筒照明　　　　　　　　　　8 塑木板
9 角钢支撑　　　　　　　　　　　　10 15+1.52SGP+15 防滑夹胶钢化玻璃

云桥典型段墙身节点大样图

1 10 厚 EPDM 橡胶颗粒
2 防水结合层
3 6 厚钢板，加劲肋 @400
4 H 型钢主梁
5 角钢承托
6 室外灯筒照明
7 28 厚扁钢压顶，氟碳漆喷涂
8 φ60 拉丝不锈钢扶手
9 28×55 扁钢栏杆，氟碳漆喷涂
10 不锈钢索网
11 照明线桥梁
12 室外 LED 照明
13 不锈钢钢条格栅铺装

　　全长880m的景观长廊划分为南北两翼，聚合10组场景以满足聚集、活动、娱乐、休闲、运动等公共服务。长廊从核心向南北延展，串联社区活力，形成互不干扰又交错对话的多维立体空间。北端入口作为面向曹杨的城市客厅，将左右两侧的联农大厦、中桥大楼裙房纳入设计更新范围，使之围合地面与云桥形成高低两层的入口广场，可行进，可远眺。中段跨越城市道路的双流线过街天桥整合了兰溪路两侧公园的步行体验，使得街道上的生活、熙熙攘攘的车流与行人共同组成了公园场景的一部分。而南端以环形廊桥连接了左右的直线云桥，前后各有一棵朴树穿过云桥空隙。随着树木生长，茎叶相互缠绕，人们行走在云桥中可碰触枝叶。设计师希望尽可能地增加一些绿化，见缝插针地种植一些树、一些草、一些花，让这整个空间除了钢铁，也有绿意。

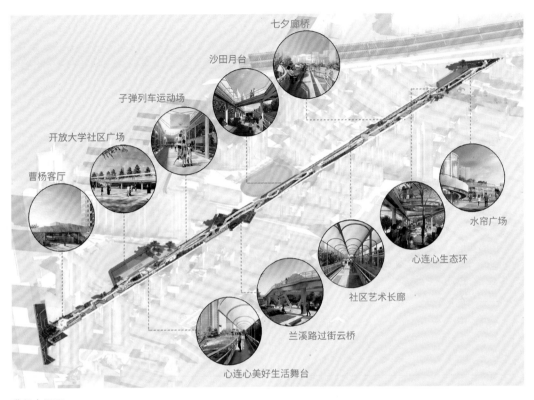

曹杨十景图

北段入口曹杨客厅

北段半地下空间

北段底层开敞空间

北段篮球场活动空间与艺术墙

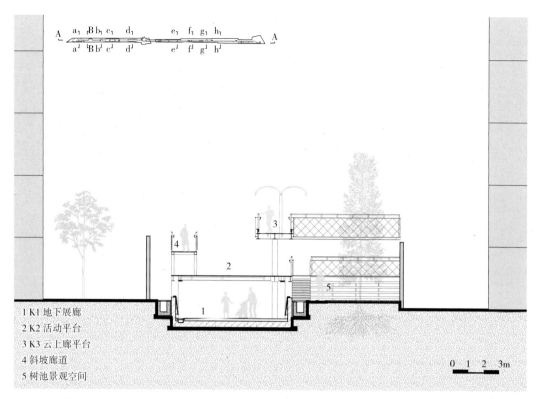

1 K1 地下展廊
2 K2 活动平台
3 K3 云上廊平台
4 斜坡廊道
5 树池景观空间

0 1 2 3m

a-a北入口剖面图

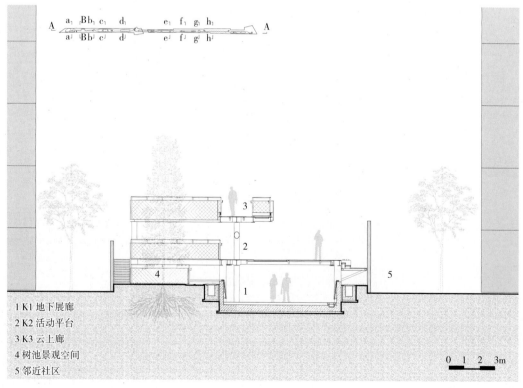

1 K1 地下展廊
2 K2 活动平台
3 K3 云上廊
4 树池景观空间
5 邻近社区

0 1 2 3m

B-B经典空间剖面图

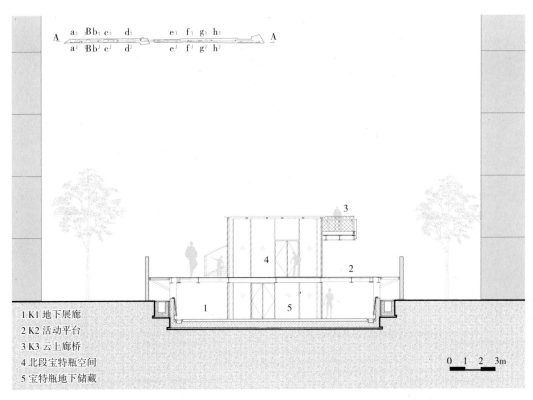

1 K1 地下展廊
2 K2 活动平台
3 K3 云上廊桥
4 北段宝特瓶空间
5 宝特瓶地下储藏

0 1 2 3m

b-b 北段宝特瓶剖面图

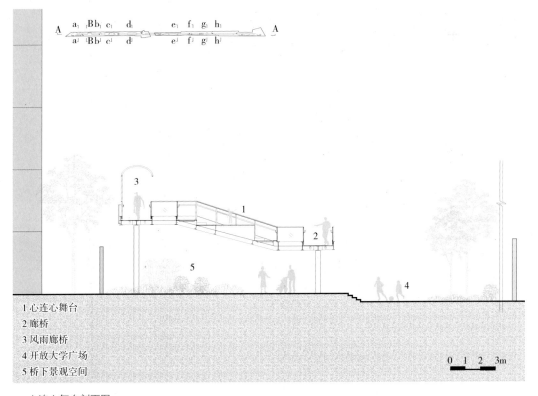

1 心连心舞台
2 廊桥
3 风雨廊桥
4 开放大学广场
5 桥下景观空间

0 1 2 3m

c-c 心连心舞台剖面图

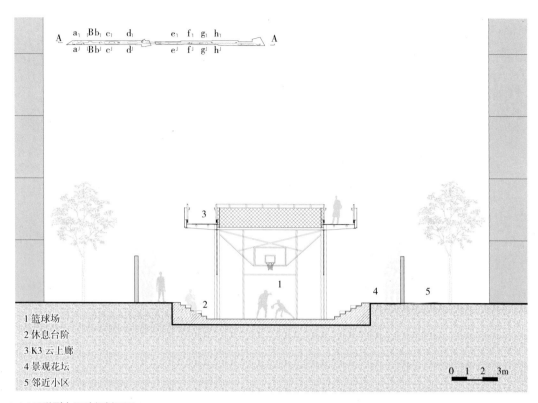

1 篮球场
2 休息台阶
3 K3 云上廊
4 景观花坛
5 邻近小区

0  1  2  3m

d-d子弹列车运动场剖面图

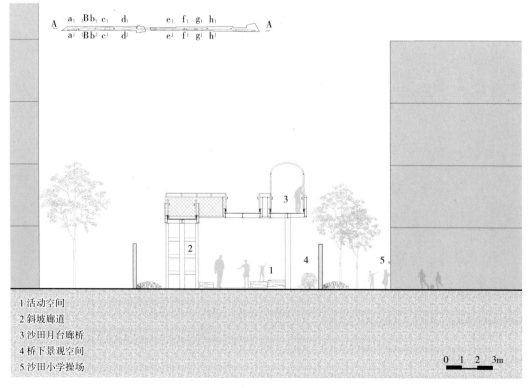

1 活动空间
2 斜坡廊道
3 沙田月台廊桥
4 桥下景观空间
5 沙田小学操场

0  1  2  3m

e-e沙田月台剖面图

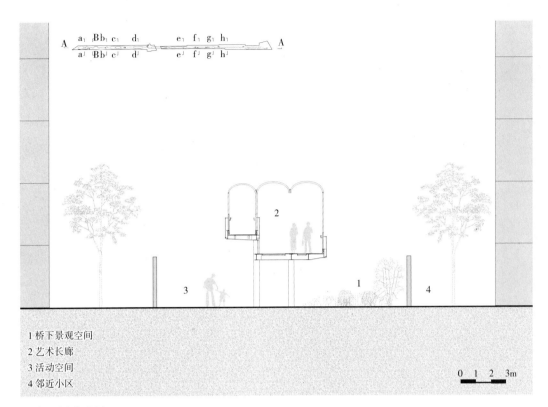

1 桥下景观空间
2 艺术长廊
3 活动空间
4 邻近小区

0 1 2 3m

f-f 社区艺术长廊剖面图

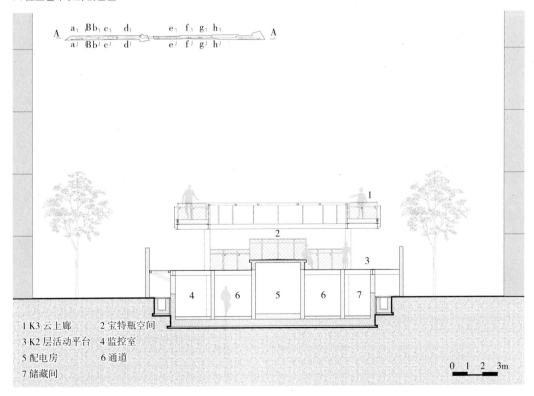

1 K3 云上廊　　2 宝特瓶空间
3 K2 层活动平台　4 监控室
5 配电房　　　6 通道
7 储藏间

0 1 2 3m

g-g 南段宝特瓶剖面图

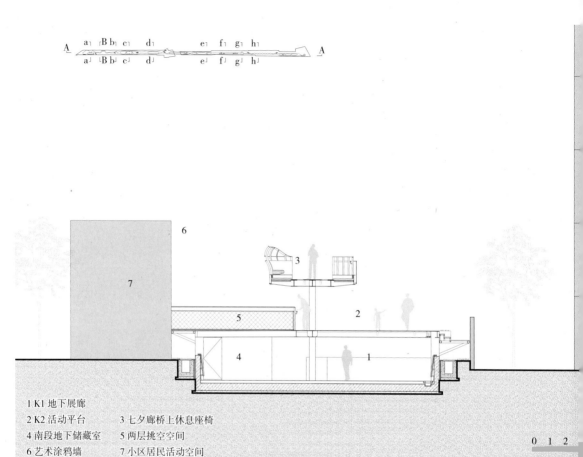

1 K1 地下展廊
2 K2 活动平台　　3 七夕廊桥上休息座椅
4 南段地下储藏室　5 两层挑空空间
6 艺术涂鸦墙　　　7 小区居民活动空间

0　1　2

h-h 七夕廊桥剖面图

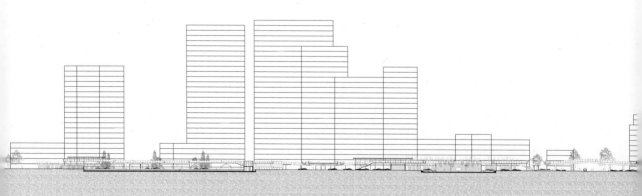

A-A 剖面图

兰溪路跨街天桥

南段兰溪路入口

南段1.4m活动层与七夕廊桥

廊桥与南段地下室入口

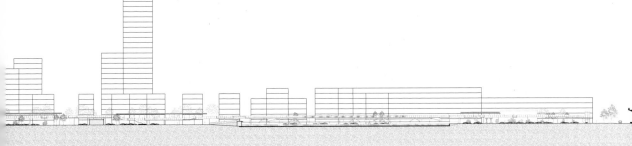

0　5　10　15m

南段半地下室入口及宝特瓶

南段宝特瓶下的植物生态装置

　　刘宇扬建筑事务所（ALYA）有三个比较重要的线型公共空间——吴淞江边上的爱特公园、浦东民生码头贯通、杨浦滨江贯通，后两个也分别是2017年和2019年上海城市空间艺术季（SUSAS）的展场。曹杨百禧公园的设计总结了ALYA过往几个项目的经验，但它有别于一江一河的独特场景，它所处的环境恰恰是一个如此有烟火气，又如此容易被忽略的典型社区场地中的非典型剩余空间。设计师工作与研究的重点是如何能够在这些剩余空间中找到新的潜力与能量。

## 04　理念与技术特点

### （1）色彩选择

　　设计师们花费了很长时间选择颜色，并非是一开始就想清楚的。主基调上希望是一个比较温和、不突兀的颜色，但如果只是灰色或银色，则表达不出社区的活力。因此，设计师们尝试了十种颜色配比方案，最终选择了在云桥钢结构主体为银色的基调下，内侧喷涂橙色，希望通过颜色的碰撞展现城市的朝气。

银色与橙色的碰撞

　　1.4m标高以下的空间则有不同考虑。半地下空间的客观条件是狭窄、暗淡的，如何让暗的空间与地面上亮的空间相协调？设计师们选择了与云桥不同的色彩方案：半地下室顶板的钢构以银白色为主，内侧喷涂黄色。这种银白色是一种珍珠白，银粉比例较大，与地面以上的银灰色不同。他们判断半地下空间体验感的重要性高于颜色的统一性，这可能是大部分建筑师都不会做的决定，也是之前的项目没有遇到过的挑战。

半地下空间的配色

### （2）拱棚——铁路月台的记忆

　　设计师有意识地在公园里创造了一系列连续的轻质拱棚架构，覆以遮阳膜。遮阳而非遮雨出于两点考虑：一是在线性的开放公园内重要的是感受自然；二是技术层面的考虑，一旦选用遮雨的膜，就需要承受更多风荷载，无法在建造层面上凸显云桥与拱棚的轻与重的张力对比。

轻质拱棚架构

拱棚形式上的意义是唤起人们对铁路的记忆——曾经绿皮火车徐徐进入月台的场景。月台有很多种形式，设计师们就选择了一个最简单的拱形进行不同的串联，也选择了五种不同颜色。因为样式是重复的，颜色是变化的，于是拱棚有了给整个公园分区的意义——端头是蓝色，再往前是粉色——通过颜色可以简单地定位人的位置。

从小广场看向拱棚

拱棚下的桥上空间

### （3）作为边界与连接的围墙——与社区和公共机构对话

设计团队同街道办一起与每一个社区都进行了认真的对话、探讨、磋商。百禧公园周边共有十一个居民社区，还有若干公共机构。确定公园与社区或机构的边界其实需要多方的对话，通过沟通得知对方的需求、彼此的困难与界限，最终形成良好的连接。

在百禧公园围墙方案的设计过程中，设计师们构思了不下十种墙与门的组合类型。其中有水洗石饰面的实墙，有在不同程度上视线通透的钢构围墙，也有两者的结合。设计师们希望以不同类型的墙与门来尊重社区的意愿，通过与居民讨论、协商共同设计公园与社区的连接和边界。有的社区选择实墙，选择不开门；有的社区则选择通透的钢构围墙，希望公园的绿色也能渗透到社区里来。所以，顺着百禧公园一路走过去能观察到围墙的变化。

钢铁廊桥与绿植墙

北段兰溪路端小广场与艺术墙

七夕廊桥与老墙

# 北京化工大学东校区环境景观提升——
## 打造新型优质校园空间

项目地点：北京市朝阳区

项目规模：8.5hm$^2$

景观设计：易兰规划设计院 ECOLAND

主创设计师：陈跃中

设计团队：王斌、陈靖宁、唐艳红、柏琳、张心怡、杨宁、严格宁、蔡丽平、
　　　　　杨妍、王蕾

委托建设单位：北京化工大学

施工单位：北京市园林设计工程有限公司

项目摄影：一界摄影、兔毛爹、易兰规划设计院 ECOLAND

## 01 项目改造背景

北京化工大学创办于1958年，是我国为培养尖端科学发展所需的高级化工技术人才而创建的一所高水平大学。是"211工程"和"985工程"优势学科创新平台重点建设院校，国家"双一流"建设高校。2018年9月，北京化工大学迎来甲子校庆，并以建校60周年为契机开始了对校园景观环境的提升工作。

校园毗邻北三环东路，原校园建设缺乏对停车空间的考虑，致使机动车停放混乱，严重影响校园景观面貌。北京化工大学内部交通及停车问题是限制校园景观面貌的首要问题。设计师承担了老校园区的景观环境提升及建筑外立面改造，改造面积8.5hm²。项目建成后先后获得中国风景园林学会科学技术奖规划设计奖、北京园林优秀设计奖、北京市优秀工程勘察设计奖园林景观综合奖。

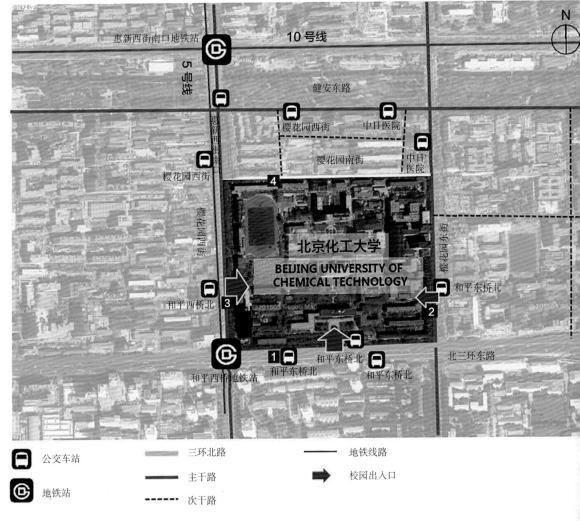

项目区位图

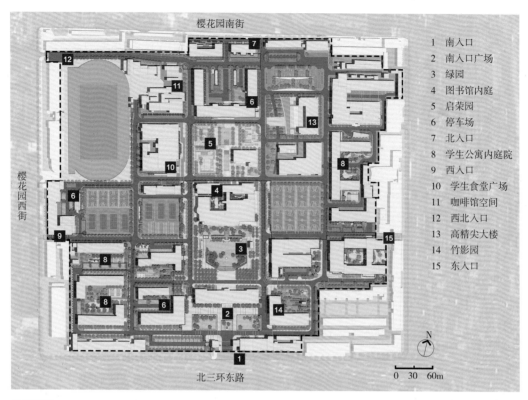

总平面图

| | |
|---|---|
| 1 | 南入口 |
| 2 | 南入口广场 |
| 3 | 绿园 |
| 4 | 图书馆内庭 |
| 5 | 启荣园 |
| 6 | 停车场 |
| 7 | 北入口 |
| 8 | 学生公寓内庭院 |
| 9 | 西入口 |
| 10 | 学生食堂广场 |
| 11 | 咖啡馆空间 |
| 12 | 西北入口 |
| 13 | 高精尖大楼 |
| 14 | 竹影园 |
| 15 | 东入口 |

## 02 梳理交通，重建秩序

设计团队站在使用者的角度，结合日常生活、学习的实际体验和切实需求，探究校园中公共空间存在的问题和不足，提出相应的解决办法，带给同学们更好的学习生活环境。校园东、西、南三侧车流量较大，噪声、视线干扰明显，北侧樱花园南街相对安静。只有合理组织和解决此问题才能使校园景观得到明晰的梳理与改造。

主楼后绿地改造前鸟瞰

主楼前绿地改造效果图

主楼后绿地改造后鸟瞰

改造后的小品设施

改造设计效果图

　　设计团队根据对现有的"门捷列夫"校园空间结构的研究及对东校区景观空间布局的梳理，提出了"一环、两轴、三园"的校园景观结构框架。"一环"指打通校园内部车行环线交通，形成主路；"两轴"是校园主要的两条形象性景观道路；两轴之间的"三园"是校园最核心的形象及公共活动空间。设计方案合理组织交通，尽可能实现人车分行，营造舒适有序的步行空间。在这个景观框架下，废除了"两轴"的车行功能，所有车辆通行及停放均依托打通的外环进行组织，不得贯穿园区，最大限度保证"两轴"及核心"三园"安静祥和的景观面貌。

　　借鉴以往成功的校园改造案例，设计团队提出利用体育场做地下停车场的远期解决方案，可以解决东校区全部停车位的需求，且园区有条件实施彻底的人车分行。车辆从园区次入口可直接进出地下停车场，全面实现地面无车化。由于短时间内实施的困难，设计团队同时提出了近期的解决方案，即移出核心景观区域内的一切停车功能，依托"一环"将停车功能组织在核心区外围，尽量做到与原有停车规模的平衡，保证核心区域步行化。

## 03 重塑空间，提升环境

### （1）入口改造

强化校园大门的形象展示功能，通过种植弱化三环高架桥对主入口的影响。

校园东入口改造前

校园东入口改造效果图

### （2）广场改造

正门内的主教学楼广场使用明朗厚重的边界处理，提升了整体的礼序及崇高感。使得屹立在广场中央的伟人雕塑重新成为场所的精神载体，体现了老校园的刚强与坚韧。

### （3）景观大道改造

两条银杏大道主轴是东校区的名片，移出车行功能后将成为体现校园风貌及实现步行连通的重要景观廊道。设计师利用主轴两侧的现状植物附加通行及休憩交流空间，使其成为名副其实的景观大道。

主楼前广场改造前

主楼前广场改造后

景观大道改造前                                              景观大道改造后

### （4）场景空间改造

改造后的校园公共空间功能丰富，尺度宜人，能够满足人们在不同时间段各类活动的需求。不论是个人还是群体，不论是举行典礼仪式还是举办庆祝活动，都可以在这里进行。这些空间的设计就是为了满足不同类型活动的需求，如入学咨询、迎新会、音乐会、花园聚会等。

## 04 描绘风采，保留记忆

图书馆与主楼之间的"母校之光"雕塑于建校45周年由校友捐建，如今已经作为北京化工大学最具代表性的象征符号而深入人心。为重新激活核心雕塑的景观地位，提升空间品质，打破旧式格局限制，并在有限的资金控制内保证工程实施过程中不对雕塑主体造成损坏，设计团队提出大胆想法：雕塑原封不动，用地形将基座全部覆盖掩埋，铺设草坪形成开放空间，只露出雕塑主体，主动营造高差，并在地形南侧构建出台阶广场以供毕业季留念，东西两端使用巨大礼石挡土并镌刻校园历史，依托现状大树与新植树阵营造丰富的林下活动空间。与雕塑同时保留的还有一条满载浪漫校园记忆且年代久远的紫藤廊架。这些设计想法的逐一落实，使得"绿园"区域（主楼后绿地空间）成为拥有以校庆为主题并承载校园历史记忆的多功能校园活动核心。

"母校之光"雕塑

紫藤廊架

## 05　萃取文化，融入场所

　　每所校园都有自己的文化和历史，把握好校园历史的延续，同时发扬时代创新精神也是景观营造的重要任务。设计团队为场所量身打造独特的文化符号，适当地将校园的文化、特色等融入环境，使其体现北京化工大学独有的景观风格，加强了校园环境的专属性。

　　营造良好的校园景观意义重大，科学、合理的设计规划能够为学校师生提供美好的学习、科研场所，提供多元化的功能。另外，校园景观可以从侧面反映学校的特色理念，更好地诠释学校的精神和文化，增加学校师生的归属感和认同感，树立学校品牌形象，促进学校整体的协调发展。

主楼后绿地实景　　　　　　　　　　　　　主楼后绿地景观效果图

"时代巨幕"雕塑实景

"时代巨幕"雕塑效果图

## 06 突破界限，创新元素

**（1）打造运动场地下停车库，有效解决校内交通问题**

利用运动场地下空间建造停车场，解决东校区全部停车位的需求，且不影响地面活动使用。园区有条件实施彻底的人车分行，车辆从园区次入口可直接进出地下停车场，全面实现地面无车化。设计突破传统园林景观工作的专业界限，对整个老校园区进行了交通梳理。设计团队尊重场地文化历史，利用地形覆盖掩埋原有雕塑的老基座，重新塑造多功能校园活动新核心。

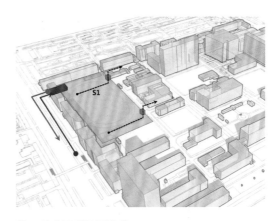

①S1 足球场下设地下车库
②结合建筑改造打通车库对外出入口
③车辆不需驶入校园即可停车出入
④通过人防出入口电梯直接进入校园

停车场解决方案

**（2）植入可识别性校园文化元素**

设计师团队不仅考虑到不同空间的独特内涵，还将可代表北京化工大学校园文化的符号等相关元素融入景观设计之中，加强了校园环境的归属感。提取化学实验中最常见的仪器——U形试管为设计元素，将其作为景观构建场所记忆的基础，激活校园特有景观；以蓝色、浅灰色、深灰色为基本色彩体系，蓝色取自北京化工大学校徽。

校园元素设计

设计团队对东校区景观空间布局进行梳理，合理组织交通，实现校园内部人车分行，营造舒适有序的步行空间，最大限度保证了校园内部安静祥和的景观面貌。通过加强学校安全管理，可以减少交通事故，减少社会矛盾，维护社会秩序稳定。

设计团队通过保留现状古树，延续场地记忆，主题化道路种植，增加植物种植层次，丰富地被种植，增加了校园绿地面积。通过各种彩叶植物的配置，利用各种苗木的特殊功能，来净化空气，吸尘降温，隔声杀菌，在改善气候、净化空气和美化校园中起着重要的作用。不仅能为学校师生创造良好的学习与居住环境，还能为他们提供丰富多彩的活动场地。

校园内的水景

竹影园实景

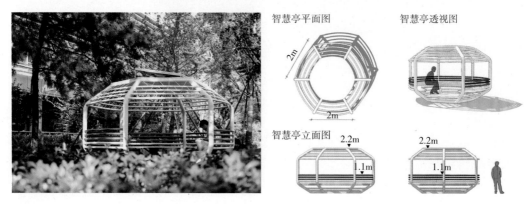

智慧亭

智慧亭平面图

智慧亭透视图

智慧亭立面图

　　项目二期人行道铺装主要使用新型生态仿石透水砖。该砖材使用尾矿渣为原料经特殊工艺加工而成，面材美观仿真度高，强度及透水性良好，满足海绵城市相关规范要求。原料采集加工属于废物利用，极大节约了自然资源，同时其生产压模工艺耗能小，环保无污染。

台阶实景

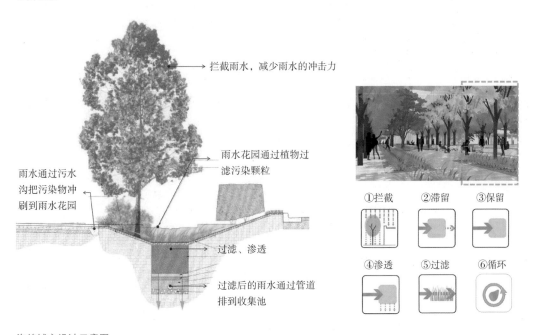

海绵城市设计示意图

# 浙江黄岩滨水段城市改造——
## 为沿线居民提供更多休闲、游憩的空间

项目地点：浙江省台州市黄岩区

项目规模：32.2万平方米

景观设计：易兰规划设计院 ECOLAND

主创设计师：陈跃中

设计团队：闫洪勇、何选宁、刘善冬、魏佳玉、王琛、王清清、薛亚荣、武振卿、徐慧群、刘征、刘永杰、王皓、邓冰婵、张翠平、王颂、郭岩、张宇等

建筑设计：易兰规划设计院 ECOLAND

设计团队：陈跃中、巫仝、康凯、丁硕等

委托建设单位：浙江省台州市黄岩区住房和城乡建设局、台州市黄岩城市建设投资集团有限公司

甲方团队：彭世华、颜建华、林芝、杨胜意、叶俊杰、胡智文、刘海云、王涛、林玲

项目施工：浙江国腾建设集团有限公司、鹏远建设有限公司、腾达建设集团股份有限公司、台州市金鼎建设工程有限公司、浙江宇洋建设有限公司等

项目摄影：一界摄影、易兰规划设计院 ECOLAND、台州市黄岩区传媒集团

## 01 项目改造背景

　　项目位于浙江省台州市黄岩区，总长5.6km，占地面积约32.2万平方米。2019年，黄岩区委区政府提出了要精心打造官河古道一号工程的目标，开启"千年永宁、中华橘源、模具之都"新征程，推动黄岩在高质量发展中跨入"永宁江时代"。官河古道是由永宁江、西江、南官河和东官河四条河道组成的黄岩老护城河，最早可以追溯到宋朝，是历史上重要的生活河道和航运官河。但随着时间推移，古老的护城河岸逐渐出现一些问题：老城区内河段断开，驳岸形象欠佳，水质恶劣等。且随着台州市的快速发展，城市居民对于滨水功能和舒适性的需求不断提高，官河古道工程的实施备受关注。易兰设计团队按照"连线成片、水清可观、岸绿可游、街繁可贸"的标准，沿护城河河道延伸构建绿道，营建供市民休闲出行的环城绿带，为黄岩区塑造了一条贯通全城的"新动脉"。

黄岩滨水段城市改造效果图

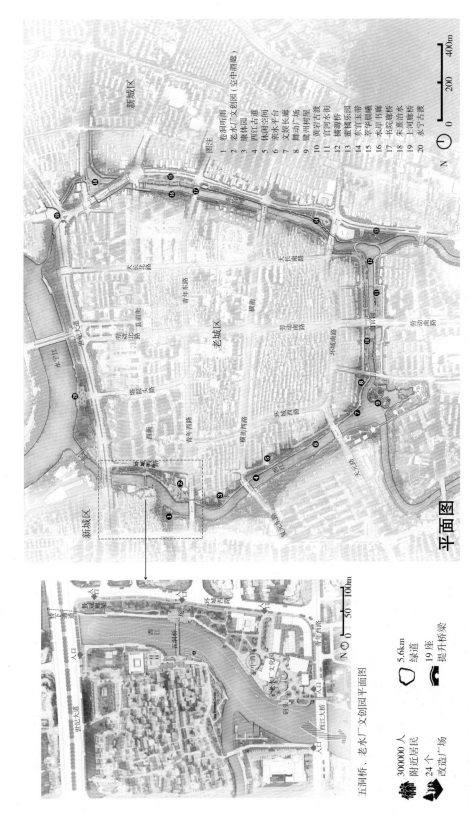

图注
1 卷洞听雨
2 老水厂文创园（空中酒廊）
3 康体园
4 西江古道
5 休闲空间
6 亲水平台
7 文娱长廊
8 舞动广场
9 骖州树屋
10 黄岩古渡
11 官河水街
12 荷塘乐园
13 鳖桥悬桥
14 东官玉带
15 萃华叠碧
16 水岸书廊
17 书院廊桥
18 朱熹治水
19 上河廊桥
20 永宁古渡

平面图

五洞桥、老水厂文创园平面图

🌳 300000人 附近居民
🏗 24个 改造广场
◯ 5.6km 绿道
🌉 19座 提升桥梁

黄岩滨水段城市改造平面图

供市民休闲出行的环城绿带

## 02  串联水系，延续依水而生的古城脉络

设计团队注重整合提升周边资源，对生态环境、历史人文资源进行保护与开发。接通了原有护城河断开的河段，通过新建沿线绿化景观和现状改造提升等方式，串联起沿岸的节点空间，使水路和滨水绿道连贯通畅，打造"慢行绿环"水岸共生，为沿线居民提供更多休闲、游憩的空间。

五洞桥横跨西江，迄今已有八百余年历史，是黄岩不可磨灭的文化印记。针对五洞桥人车

五洞桥场地动线优化

混行、通行空间狭窄等场地问题，设计团队尊重场地，采用简洁内敛的设计手法，优化了场地动线，连通周边空间，拓宽桥两端的集散场地，打造开阔的公共休闲场所，突显五洞古桥历史形象，展现历史文脉。

五洞桥桥北广场枫屏兰阶，拆除桥西部分建筑，拓宽通行空间，打造开阔的市民休闲场所。观景廊架致敬宋代清新典雅的建筑样式，巧妙糅合平直线条，从而演绎出简洁的新中式风格。台地结合无障碍坡道，在满足无障碍需求的同时营造极富张力的设计效果。

利用黄岩老旧材料

五洞古桥历史形象

桥北广场——枫屏兰阶

桥北广场——观景廊架

无障碍坡道

　　官河水街节点结合历史增设水上人行桥，连通两岸商业，设置码头平台和文化场所，再现浙东小运河，打造时尚的购物餐饮文化水岸。南官河沿岸自南宋以来便拥有悠久的商业文化根基，有"浙东小运河"称号，因此设计团队重忆宋代水岸文化的盛景，点缀以创新手法设计传统文化的新元素，将其打造成为既具有曲水流觞的雅致，又具有现代丰富功能的文化水岸，达到可游、可赏的综合性目的。

官河水街

水上人行桥

西江拥有1300多年的历史，与母亲河永宁江共同孕育了黄岩古城。"西江古道"节点保留了场地原有柳树，打造古香古色的柳岸风貌，并在铺装及小品中融入黄岩古城老部件及砖石等元素，用现代的设计手法把黄岩西江古韵和水岸记忆带回给人们。

同时，通过完善水生态修复、"海绵体"构建等工程手段，提高区域内水环境质量；通过河道清淤提升水质，治理河道水环境，以及将东官河、南官河、西江与永宁江水系连接疏通，打造生态驳岸，丰富游人观赏体验，大幅改善周边居民生活环境。

## 03 绿色渗透，打造官河水系的生态系统

设计注重打造城市形象，重点打造古城城市界面、护城河沿线。充分利用古城有价值的场地基底，塑造门户形象，打造城市形象标识。

### （1）鹭洲树屋

位于南官河与西江交

购物餐饮文化水岸

西江古道，柳岸风貌

西江古韵和水岸记忆

汇处。设计团队以生态造景为主题设置了树屋，由五个树叶状室外休闲平台和主平台组合而成，配合层次丰富的绿化和高大乔木遮挡，形成高低错落的休闲商业空间，营造"虽由人作，宛自天开"的生态融合效果，成为可经营、可观赏的景观新地标。

景观新地标——鹭州树屋

通过对原有的老桥进行改造利用，以平桥形式连通树屋、岛屿和岸边，满足无障碍需求，让老人和孩子享受到更多人性化的服务。

### （2）黄岩老水厂

黄岩老水厂是黄岩工业记忆的化身，曾经在人们的生活中发挥重要作用。如今，黄岩水厂已迁至新址，设计方案则对保留的圆筒及配套建筑进行了改造。空中酒廊节点保留了这一城市工业文化记忆，打造具有观赏价值的景观廊道和酒吧平台，作为城市新的聚集地。老水厂设施将在黄岩发展的新时期，以全新的面貌登场，依然秉承"润泽社会、服务民生"的宗旨，让人们在游览休闲的同时，深刻感受到这座城市的工业记忆。

老水厂改造效果图

空中酒廊

## 04  跨学科合作，提升物流和基础设施

项目场地存在众多基础设施方面的问题：城市连通性差，地面改造受到空间条件的约束，以及高维护、表现不佳的景观。为了解决这些问题，设计团队进行了跨学科合作，构建了独特的空中行走体验、水上交通系统、开放空间、柳树堤岸、城市内的节点连接、步行道和19座散落的桥梁。它们成为新的基础设施，解决了交通问题，方便了残障人士的出行。

上河廊桥上跨世纪大道，下有外东浦河穿过，为满足安全、便捷、景观等方面的需求而建，解决了老城交通问题，是连接老城区、东浦未来社区、永宁江绿道的重要交通枢纽。设计团队采用了许多种方案来解决基础设施问题。其中，新修建的桥体采用蓝色将下方的水系场景在空中再现，故名"上河廊桥"。桥面由不规则的四边形元素组合，桥面宽度渐变，富有变化感，立面则由几何形构成桥上的立体空间，造型简洁并且极具现代感。利用有限场地空间打造城市形象节点，延续古城河道文脉，在解决人行交通的同时，打造绝佳的观景平台。

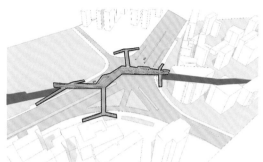

改造前：人行交通混乱，不便利，不连通

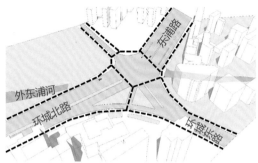

桥体蓝色，河水语言的延续

人车分行

改造后：实现功能连通，展现橘乡形象

上河廊桥

## 05 总结

本项目的建设融合城市功能与自然景观，兼具生态环境意义及景观价值。黄岩区官河古道作为城市慢行系统的空间载体，在一定程度上辅助了城市交通。同时，社会各方能够以绿道为依托，广泛开展体育健身、文化展示、旅游观光等休闲活动，充分发挥出绿道的综合功能和效益。设计注重延续城市历史文脉，将黄岩老城区历史文化节点"连点成片"，为子孙后代留下城市记忆。这里既是都市休闲的"新天地"，又是汇聚黄岩地域文化的历史长廊。项目设计通过宋韵传承，让历史文脉融入当代生活，使场地成为市民的文化底蕴和城市的精神地标，从而实现更替性延续，成为城市更新中的"新"发展。

观景平台

贯通全城的"新动脉"

# 上海徐家汇乐山社区街道空间更新——
## 用设计唤醒街区公共生活

建设单位：徐汇区徐家汇街道办事处
设计时间：2021 年
建成时间：2022 年
设计单位：水石设计

街巷烟火融合时尚文化，生活场景呈现和谐色彩

　　水石的城市再生设计在街区更新的实践中，坚持从独特的视角看待习以为常的环境，以场景塑造引导人们从理念到行为的变化。在上海市徐汇区乐山新村的街区更新中，设计师们又一次实践了对中心城区道路空间的"反思"，在徐家汇地区实践了多个"十五分钟生活圈"街道要素改造的范本。

## 01　徐家汇的后街

　　乐山新村位于徐家汇的西侧，是一个在20世纪80年代由棚户区改建而成的高密度老小区。可谓"麻雀虽小，五脏俱全"，从菜场、学校到集中绿地一应俱全，但因受到场地的限制，所有的公共设施与住宅楼以最小的间距排布在一起，除了中心绿地之外，整个街区几乎没有什么开敞的空地。道路是乐山社区居民最典型的户外社交空间，但在改造之前狭窄的人行道上既有乱停放的非机动车，也有居民晒太阳时坐的一排凳子，还有在老人们闲聊间留下的垃圾，让街道管理团队十分头疼。

　　在改造之初，设计师带着"你希望乐山新村的更新做些什么"的问题，走访了居委会与居民。从反馈中发现，居民的改造诉求更多集中在小区内而非小区外，人们并不清楚应该对自己住了几十年的家园做些什么。

在与街道及区委相关部门的讨论中，设计师们发现了乐山社区成长的契机：随着徐家汇的建设向着世界一流的CBD中心发展，其毗邻社区的人口结构正在发生变化，更多企业与商业的入驻带来大量年轻的工作人群与到访游客，乐山路将迅速成为服务于徐家汇的综合型服务性街道；这里需要兼顾社区内与社区外的人群需求，需要补充与周边城市发展相匹配的服务、商业与场地配套，打造更有品质的城市公共生活形态与空间。

设计师们首先从规划的视角梳理出乐山社区需要将"烟火"与"时尚"融合，将"便捷"与"绿色"结合，将"关爱"与"自治"联合的更新定位，提出与徐家汇文化相匹配的街道场地策划，以及与开放型城市生活相关的场景设计。在具体的景观与建筑场景设计层面，场地的局促性和一些顽固性使用方式触发了设计师们对街道有限空间改造方式的思考。通过多时段对行为的观察、与不同人群的交流，以及与街道业主的讨论，设计师们用批判性的方式提出了对不同街道元素的改造方案。

改造前乐山鸟瞰

改造前的乐山社区入口，背景是徐家汇中心

乐山街区的环形路网与改造后的多个口袋空间

## 02 可以被阅读的街道

　　街道是乐山社区最重要的公共空间，从早到晚这里都有熙攘的人流。设计师们希望改造后的街景是真正"可以被阅读的街道"，所以在设计上更重视场景的打造与街区文化内涵的植入。

街道边界空间层次的叠加处理，强化人们在街区内行走的视觉体验

对于街道的边界，设计师们首先想到的是以三维空间手法来强化人们在街区内行走的体验。设计师们在乐山街区采用了几种不同的街道边界设计，都是在原有围墙之外，进行空间层次的叠加。通过对光影、材料、色彩与植物的不同组合，实现立体且有光影变化的场景。这些场景与它们所相邻的场所有着和谐的视觉关系，由此加深场地留给人们的印象，也使得在这里漫步的行人有了更加丰富的视觉体验。

街道边界空间层次的叠加处理，强化了人们在街区内行走的视觉体验

　　另一种"阅读街道"的体验是通过对街区文化的表现来实现的。设计师们在定案之初，就与街道共同策划了"街区美术馆"的想法：把与徐家汇发展相关的人文资料以图文并茂的方式呈现在街区的各个节点与慢行动线上。其中包含了多个以徐家汇地区的艺术、名人、儿童画为主题的创作，还有一组由六十多块展板构成的"海派之源"人文展墙。

可以被阅读的街道

　　看到居民们在这些展板前徘徊、阅读，设计师们突然多了一分感触：街区的文化一定不是可被量化复制的内容，而是来自这个街区本身的故事，这些故事的内容越具有在地性，它们就越容易被街区接受并持久地延承下去。

徐家汇音乐艺术展墙被作为街区临时库房的入口

　　设计师们与上海御麟甲艺术工程中心的吕海歧老师一同创作了一组"乐山"公共艺术，放在了街区在广元西路一侧的街道口袋广场边。这组公共艺术巧妙地将"乐山"两字变成了可与行人互动的城市家具：利用钢管的旋转形成可坐、可倚、可玩的一组构筑物，为人们在街道边的停留增添了一分乐趣与独特的体验。

以"乐山"为主题创作的城市公共艺术为行人与场地的互动增添亮色

## 03  街角的意义

乐山街区的路网形态很特殊，不等边的街区内有一组内环道在三个不同方向上与周边的道路相连。这种多折的道路可以让机动车在驶入社区后自然降速，加上道路两侧的绿荫，非常适合作为漫步道使用。然而在改造前，乐山街区的道路上很少有慢跑者。设计师们从居委会了解到，除了街上的违章停车、人车混行等因素外，在好几处街角上还常会有大小便等不文明行为发生。

在社区规划师与交通顾问的建议下，街道启用了新的管理措施限制街边停车的数量。而景观设计师们则提出了打开每个街角，将视线隐蔽的角落变成公共交流场所的想法，让更多的眼睛关注到这里，就能减少不文明行为的发生。

一个融入了花坛、座椅与雨篷的街角——既拓宽行走的宽度，又留下邻里交流的空间

于是设计师们将每个街角策划成乐山漫步道中的驿站：在阳角的空间用橱窗、地图和景观花池为人们提供可驻足阅读的机会；在阴角的位置，因为这类空间有更好的向外观察的视角，

所以将场地局部抬起，布置上 L 形的休憩座椅与带有夜灯的挑檐，不仅构成对机动车的屏障，而且扫除了夜间暗角落的印象。这些街角的改造方案得到了来自街道和周边学校与企业的大力支持。其中，设计师们建议在上海交通大学出版社外的墙角竖立一个转角的橱窗，在出版社的精心布置下，装入了最新出版的书籍，也点亮了乐山漫步道在番禺路上的一盏明灯。

改造后乐山街区面对番禺路的街角

## 04 街区的眼睛：26 路公交站

　　26 路公交车的终点站坐落在乐山街区的南侧入口上。改造前的车站就已经肩负了多项职能：它在设点之初是用来解决乐山住区周边居民出行困难的问题，但限于当时的场地条件，所以在路口紧凑的空间中加盖了车站。多年来，车站利用并不宽松的场地为司机与周边环卫工人提供午休的服务，还在不久前升级为电动巴士车的充电站。但由于先天条件的不足，原有的候车区常年一直保持

改造前的车站隔墙

着封闭低矮的状态，等候空间不舒适，更成为不文明行为的集中点。

改造后的公交站台解决了隔墙阻断过道与车站联系的问题

　　"把车站作为一个街区更新的示范性地标来打造，为街区树立新的形象面貌"的想法得到了街道与巴士集团的支持。在设计深化的过程中，巴士集团的工作人员多次分析讲解了车站需要具备的功能。设计师们也把关注点放在了一个更加宽敞、明亮且能延续车站服务功能的方案上。

最终车站的改造不仅只是改变了站台本身，而是把车站周边的环境整体做了调整与提升。车站的入口竖立起了站台标识，就像乐山社区新点亮的眼睛，鲜艳的橙色代表了乐山街区的自信，也向外传递出更加开放、阳光的社区精神。

改造后的公交站台提供更加宽敞的空间　　　　　　　改造后的公交站，街道背景是徐家汇中心

## 05　街区的色彩

设计师们曾经把中国很多高密度的老街区与国外一些著名的街区进行对比，发现很多国内的街区在空间密度、市井生活丰富度上都很有特点，但是在空间的视觉感受上则相差甚远。设计团队对上海大部分的老旧小区进行了色彩的数据化分析，得到的结论是：在硬景部分，建筑物的材质与地面材质因年代的原因而显得沉闷与混杂；在软景部分，绿化通常所占比例较低，且以几类常见树种为主，层次少；在配景部分，则是争奇斗艳式的店招，常见鲜艳的大字。这种组合显得生硬而缺少亲切感，且成为大部分老小区的通病。

改造后的乐山社区入口

设计师们对乐山街区色彩调整的目标是希望赋予它属地化的特征，更具有年轻与不同绿色层次的活力。首先是选择了几组代表性的低层商铺区域，通过对立面与地面材质的调整，形成街道近人尺度视觉主导色彩的变化。结合徐家汇主题色红砖，用两种不同质感的面砖进行组合拼贴，形成具有层次与韵律感的立面效果。同时在小区外墙、学校外墙的部分分别运用同一主题下不同材质的贴面材料，将近人尺度部分的底色整体调暖。在小区围墙的处理上，把原先琉璃砖的墙头改造成可盛纳绿植的花槽，增加街道的垂直绿化。

徐家汇主题色红砖墙为空间增添色彩

改造前为琉璃砖的墙顶

墙顶花槽与围栏植物增加垂直绿化

　　街区导视系统是乐山社区视觉设计中的重要组成部分。设计师将乐山的公共服务设施精心描绘到乐山的指引地图上，并在每一个转角设置了指引标牌。以朝阳的橙色作为乐山新的标志色，将一系列带有时尚感的标识符号植入街道。统一的街区 VI（视觉识别系统）与橙色标识设计构成了街道上连续的视觉线索。

街角的导视标牌用鲜亮的色彩，为"十五分钟生活圈"中的各项设施带来积极的指引

乐山社区标志以和谐共生为主题背景，将时尚与经典的视觉元素巧妙融入街巷烟火

　　如同修复一幅画一般，设计团队细心地从街区场景中剔除一些颜色，又加入另一些颜色。在反复到现场的采样与比对中，为建筑与街道褪去沧桑，展现出更有层次的韵味与活力。对比改造前后，仍然是人们熟悉的街道，却更多了一分秩序与活力。

街道转角

## 06 围墙之辩

围墙是老旧小区中常见的元素之一。在大部分人的理解中，围墙也代表了人们对土地权属与管理边界的定义。这种理解曾为乐山社区的项目带来不小的沟通压力。

事情要从乐山街道狭窄的人行道说起。改造前的乐山路两侧，人行道平均宽度不足1m，在有非机动车停放或种植行道树的位置，人行动线都会被打断，迫使人们不得不在机动车道上来回躲闪各种车辆。而与此同时，围墙的另一侧则多半是闲置空间，或堆放了杂物，或长满了杂草。于是设计师们就提出了一个想法，如果能让围墙的位置向红线内做1~2m的退让，就可以让人行道一侧的步行空间得到释放。

改造后的围墙形态改善乱停车的情况，为街道活动提供了更多可停留与交流的空间

改造前的乐山幼儿园围墙

围墙的微调既为街区老人预留了休闲交流的座椅，又用景观的
方式解决了隔墙抛物的问题

没想到这个简单的想法一石激起千层浪，在建议方案所涉及围墙位置变动的小区和学校都给方案投了反对票。原因是大家都误以为这就是减小了他们的用地产权面积，谁也不愿意答应。于是，设计师们与街道工作组展开了逐户上门的当面解释与沟通。

首先，设计师们与大家解释：产权证上的用地边界是官方用地权属的法定依据，围墙形式的改变完全不影响产权人使用这些用地的权利。其次，设计师们仔细分析了每一片墙被修正位置后所带来的功能变化，都有益于居民的使用：在幼儿园的门外，围墙的退让留出了机动车道与学校接送区的距离，可以让家长的等候与孩子的出入更安全；在小区的墙外，随着墙体的内移，人行道的宽度可以同时容纳行人与非机动车停放，新建的围墙向人行道伸出一片雨篷，照明设施可以在晚上照亮地面。功夫不负有心人，也得益于乐山居民和学校的理解与支持，老围墙终于在大家共同的努力下挪了位置。

乐山社区的街道空间改造前后经历了8个多月的设计与现场工作，联合了规划、建筑、景观及视觉等多个跨专业的设计师团队，从城市、人文、社区治理、场所使用等多个角度进行了反思与设计，为高密度核心城区的街区更新积累了新的实践经验与成果。

改造后的乐山社区入口

## 07 专项设计

（1）导视系统专项设计

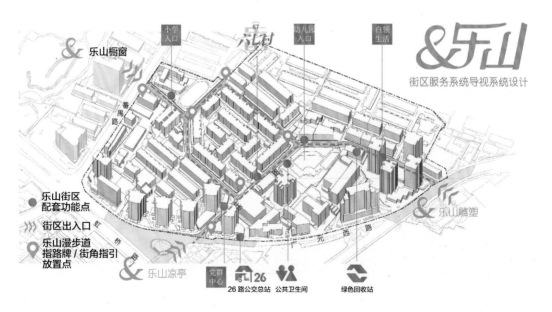

乐山街区服务系统导视系统设计

## （2）围墙专项设计

围墙改造前

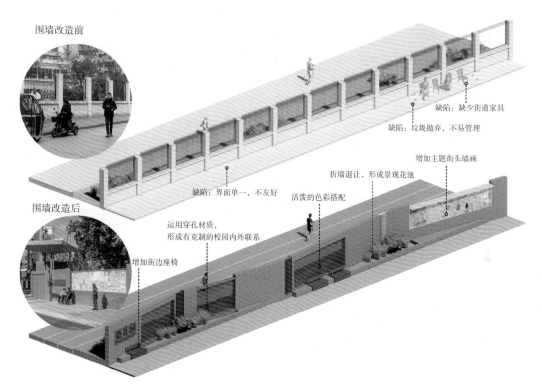

缺陷：缺少街道家具

缺陷：垃圾抛弃，不易管理

增加主题街头墙画

折墙退让，形成景观花池

缺陷：界面单一，不友好

活泼的色彩搭配

围墙改造后

运用穿孔材质，
形成有克制的校园内外联系

增加街边座椅

围墙改造前后对比

实体围墙实景

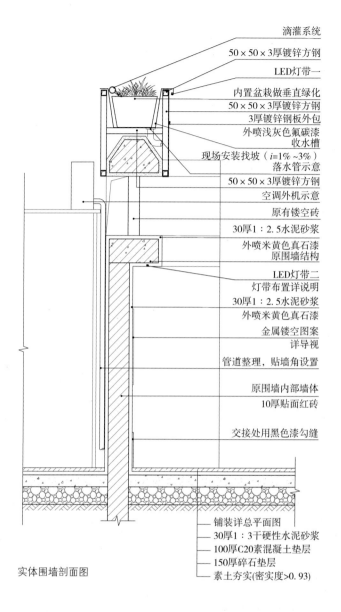

滴灌系统
50×50×3厚镀锌方钢
LED灯带一
内置盆栽做垂直绿化
50×50×3厚镀锌方钢
3厚镀锌钢板外包
外喷浅灰色氟碳漆
收水槽
现场安装找坡（i=1%~3%）
落水管示意
50×50×3厚镀锌方钢
空调外机示意
原有镂空砖
30厚1：2.5水泥砂浆
外喷米黄色真石漆
原围墙结构
LED灯带二
灯带布置详说明
30厚1：2.5水泥砂浆
外喷米黄色真石漆
金属镂空图案
详导视
管道整理，贴墙角设置
原围墙内部墙体
10厚贴面红砖
交接处用黑色漆勾缝

铺装详总平面图
30厚1：3干硬性水泥砂浆
100厚C20素混凝土垫层
150厚碎石垫层
素土夯实(密实度>0.93)

实体围墙剖面图

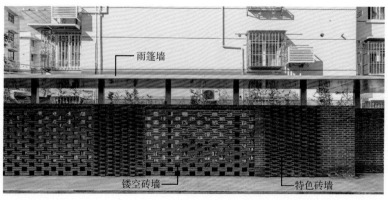

雨篷墙

镂空砖墙          特色砖墙

镂空砖墙实景

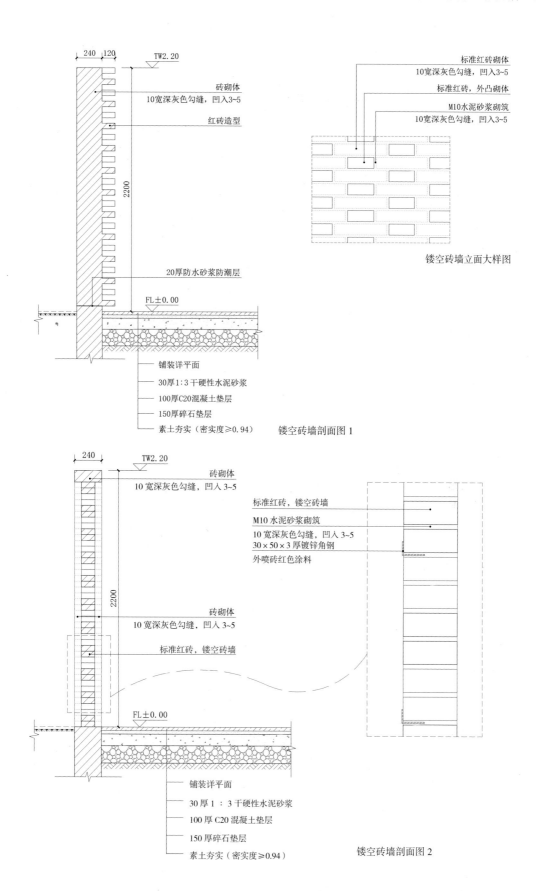

240  120

TW2.20

砖砌体
10宽深灰色勾缝，凹入3~5

红砖造型

2200

20厚防水砂浆防潮层

FL±0.00

标准红砖砌体
10宽深灰色勾缝，凹入3~5
标准红砖，外凸砌体
M10水泥砂浆砌筑
10宽深灰色勾缝，凹入3~5

镂空砖墙立面大样图

铺装详平面
30厚1:3干硬性水泥砂浆
100厚C20混凝土垫层
150厚碎石垫层
素土夯实（密实度≥0.94）

镂空砖墙剖面图1

240

TW2.20

砖砌体
10宽深灰色勾缝，凹入3~5

2200

标准红砖，镂空砖墙
M10水泥砂浆砌筑
10宽深灰色勾缝，凹入3~5
30×50×3厚镀锌角钢

外喷砖红色涂料

砖砌体
10宽深灰色勾缝，凹入3~5

标准红砖，镂空砖墙

FL±0.00

铺装详平面
30厚1：3干硬性水泥砂浆
100厚C20混凝土垫层
150厚碎石垫层
素土夯实（密实度≥0.94）

镂空砖墙剖面图2

（3）公交站专项设计

公交站实景

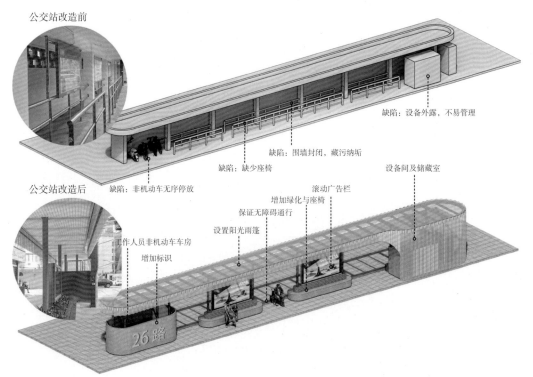

公交站改造前

缺陷：设备外露，不易管理

缺陷：围墙封闭，藏污纳垢

缺陷：缺少座椅

设备间及储藏室

缺陷：非机动车无序停放

公交站改造后

工作人员非机动车车房

增加标识

设置阳光雨篷

保证无障碍通行

增加绿化与座椅

滚动广告栏

26路

公交站改造前后对比

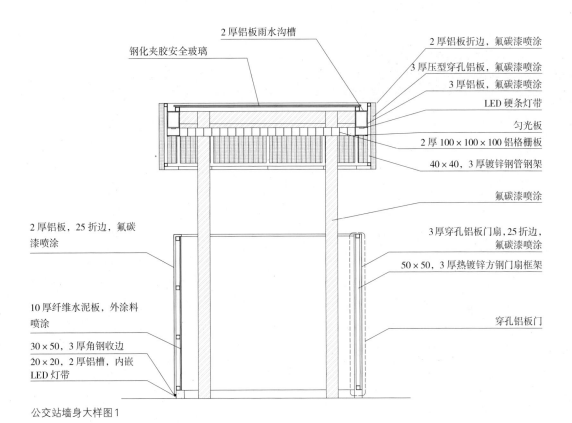

钢化夹胶安全玻璃

2 厚铝板雨水沟槽

2 厚铝板折边，氟碳漆喷涂

3 厚压型穿孔铝板，氟碳漆喷涂

3 厚铝板，氟碳漆喷涂

LED 硬条灯带

匀光板

2 厚 100×100×100 铝格栅板

40×40，3 厚镀锌钢管钢架

氟碳漆喷涂

2 厚铝板，25 折边，氟碳漆喷涂

3 厚穿孔铝板门扇，25 折边，氟碳漆喷涂

50×50，3 厚热镀锌方钢门扇框架

10 厚纤维水泥板，外涂料喷涂

30×50，3 厚角钢收边

20×20，2 厚铝槽，内嵌 LED 灯带

穿孔铝板门

公交站墙身大样图 1

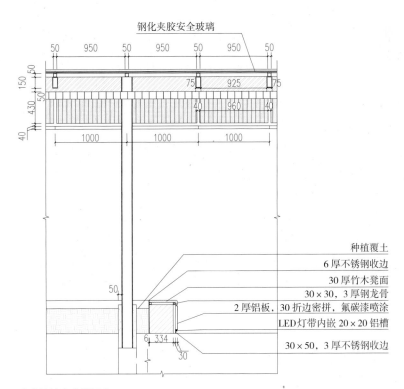

钢化夹胶安全玻璃

50 950 50 950 50 950 50

150 50 50 430 40 75 925 75

40 960 40

1000 1000 1000

种植覆土

6 厚不锈钢收边

30 厚竹木凳面

30×30，3 厚钢龙骨

2 厚铝板，30 折边密拼，氟碳漆喷涂

LED 灯带内嵌 20×20 铝槽

30×50，3 厚不锈钢收边

50

6 334 30

公交站墙身大样图 2

# 京张铁路遗址公共空间改造提升工程（一期）信息化建设项目——
## 智慧场景展现城市公共空间新面貌

项目地点：北京市海淀区

项目面积：16.8hm²

建设单位：北京市海淀区园林绿化服务中心

实施前期"责任规划师+责任工程师"双总师团队：

中国城市发展规划设计咨询有限公司、北京市城市规划设计研究院

景观设计及施工统筹：北京林业大学、北京北林地景园林规划设计院有限
责任公司、美国TLS景观设计事务所

智慧化设计及实施：北京甲板智慧科技有限公司DreamDeck、中关村科学
城城市大脑股份有限公司

VI系统设计：帝都绘

移动盒子方案设计：中国城市规划设计研究院风景分院

移动盒子施工图设计：北京原筑景观规划设计有限公司

## 01 项目背景

京张铁路建成于1909年，是第一条由中国人自主设计建造的国有干线铁路，是北京具有世界级影响力的四大线性工程之一，2018年被列入中国工业遗产保护名录。2019年12月底，随着京张高铁的开通，原本被割裂的城市空间有望得到缝合，入地后释放出的地上铁路遗址空间和两侧闲置地块在北京市规划和自然资源委员会与海淀区委区政府的统筹指导下将建设成京张铁路遗址公共空间（下称京张公园）。京张公园的范围从西直门至北五环，纵贯海淀区南北，全线长约9km，涵盖海淀区7个街镇，总面积约3.3km²，是重要的城市更新项目。

京张公园景观设计以京张铁路元素为基础，以"人民的京张、城市的大脑"为总目标，聚焦文化、活力、互动、科技四大元素，最终将京张公园打造成为北京市城市更新项目的典范，是缝合城市、创造新型公共开放空间的先行者，成为激活城市活力的全民公园、全时公园。

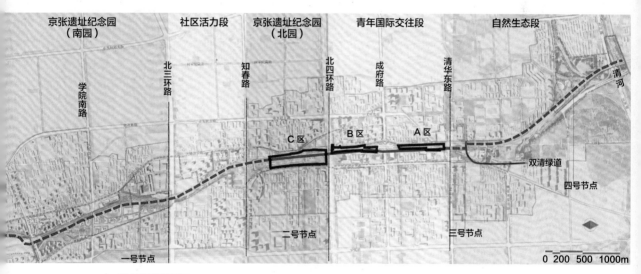

项目建设范围图

## 02 项目概况

关于园林智慧化的建设，国家、行业均发布了一系列政策。2016年住建部发布《国家园林城市系列标准》；汪懋华院士在2016年北京智慧园林高峰论坛上做了《新一代信息科技推动智慧园林创新发展》主旨报告；2018年，北京市园林绿化局印发《北京市智慧公园建设指导书》，规定了智慧公园的五大建设内容：基础设施、智慧服务、智慧保护、智慧管理、智慧养护。京张公园项目围绕景观总体设计目标的要求、国家发布的政策要求，借鉴海淀公园落地的成功经验，运用"互联网＋"思维，以及5G、物联网、云计算、大数据、移动互联、数字孪生、信息智能

整体鸟瞰图

终端等新一代信息技术，将科技与生态园林有机融合，为海淀区园林、公园管理者和居民休闲游憩提供更加智能化、人性化、便捷化的智慧管理、互动交流和智慧健身平台，实现人与自然的互感、互知、互动，将其打造成为充满生机活力、科技文化交相辉映的高品质文化休闲和生态游憩廊道。

## 03 总体定位

京张公园的总体建设目标是激活城市活力的全民公园、全时公园。在总体建设目标确定的框架下，为了实现海淀区级和公园级两级智慧化管理、社区和科技的互动交流及公园的智慧健身三项内容，建设智慧化管理系统、智慧化健身空间、智慧化互动场景，提供更加贴心的游园服务。

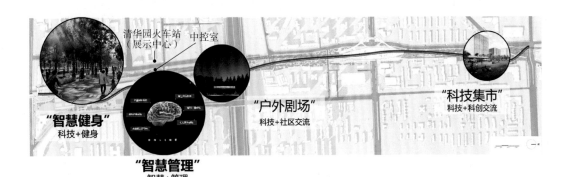

总体定位示意图

## 04 设计理念

### （1）需求分析

本项目信息化建设内容主要依据周边人员构成、期望活动类型、期望设施类型的调研结果；京张公园为完全开放性公园。

①项目周边居住用地占了较大比例，因此需要考虑居住区全年龄段人群的需求。居民期望在京张公园增加健身、跑步、与孩子游玩活动的场地及设施，增加全龄趣味智慧化运动活力区域。

②京张公园是完全开放性的公园，需重点关注建成之后的严格管理、大量设备的维护，建立智慧管理平台，辅助管理者对公园进行高效管理。

③本项目的设计总目标是建设激活城市活力的全民公园、全时公园，因此应建设科技氛围明显、互动性

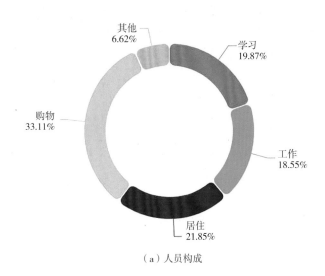

（a）人员构成

强、趣味十足、夜间游玩的内容，增加居民交流、科技交互区域，吸引周边居民。

### （2）设计理念

为响应使用需求，将京张公园建成包含智慧管理样板间、全民智慧健身场、科创及社区交流区三大内容的海淀科技创新与国际交流的展示平台。平台为管理者创新了公园管理模式，为市民提高了公园服务水平。

智慧管理方面依托海淀科技资源优势，以高科技技术为支撑，创新园林管理科技应用场景，可复用于海淀区所有智慧公园，为园林绿化局管理者提供科学决策。智慧健身场地提出更为科学的健身方式，提高健身乐趣。将科创及社区交流区建设为服务社区居民以及高校和企业科创成果展示的户外公共交流平台。

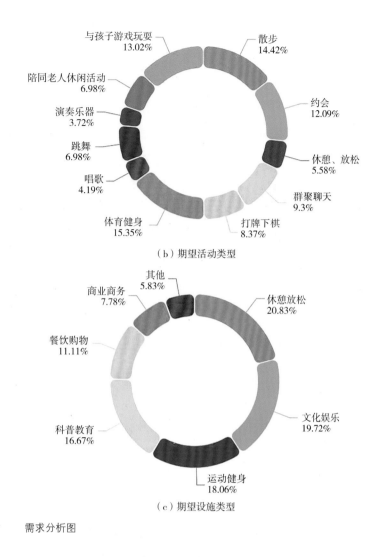

（b）期望活动类型

与孩子游戏玩耍 13.02%
散步 14.42%
陪同老人休闲活动 6.98%
约会 12.09%
演奏乐器 3.72%
休憩、放松 5.58%
跳舞 6.98%
群聚聊天 9.3%
唱歌 4.19%
打牌下棋 8.37%
体育健身 15.35%

（c）期望设施类型

其他 5.83%
商业商务 7.78%
休憩放松 20.83%
餐饮购物 11.11%
文化娱乐 19.72%
科普教育 16.67%
运动健身 18.06%

需求分析图

## 05  详细设计与措施

京张公园以"互联网/AI+智慧园林"发展为新引擎，以"5G+AIoT（人工智能物联网）"、云计算、可视化、信息智能终端等新一代信息技术为基础，打造"科技＋管理"、交流、运动三大场景，最终建设成为集智能化管理、历史文化展示及市民休闲娱乐于一体的活力聚集地。

### （1）科技+管理

京张公园以"打造海淀科技创新与国际交流的展示平台"为建设目标，利用数字孪生、物联网等技术，以"管理"为基本要求，结合交流、运动、科技等个性化元素，为智慧公园建设和管理模式提供行业样板。

　　京张公园智慧管理平台包含智慧安防、智慧照明、信息发布等系统，能够辅助公园高效管理。例如，智慧安防系统具有预防游客攀爬火车等的设施以及统计人流等功能。

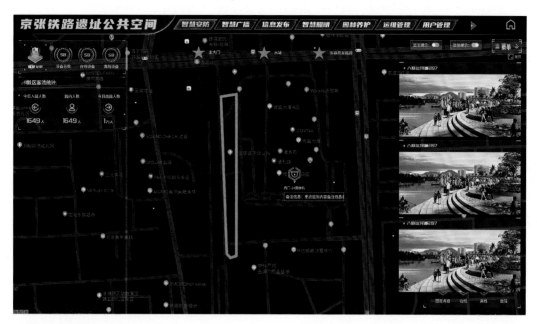

智慧安防系统图

高效管理场景示意图（左——安防报警；右——客流计数）

（2）科技+交流

①社区交流平台——科技剧场。为满足周边社区居民在户外公共空间的交流需求，设计师结合下沉广场区域打造社区交流平台。这里可播放户外电影，还可提供体育赛事转播、新闻等内容，吸引居民积极参与到社区交流中，聚集人气，成为京张公园的社区邻里中心。

科技剧场效果图

科技剧场落地图1

科技剧场落地图2

科技剧场落地图3

科技剧场落地图4

科技剧场落地图5

科技剧场落地图6

科技剧场落地图7

　　科技剧场以詹公、铁路期间、铁路场景作为互动健身空间的重要组成元素，与场地氛围紧密结合。通过肢体识别等方式实现人机交互，且互动方式简单易上手，能够有效吸引周边居民前来游玩。

科技剧场软件图1

科技剧场软件图2

科技剧场软件图3

②科创交流平台——科技集市。清华东路区域是海淀区高校及科创企业的汇聚地，是创新人才的集聚地，也是创新成果的策源地。科技是技术发展的源动力，结合铁轨上移动盒子的改造，建设一个高校科研成果和企业技术展示的平台，各高校的前沿成果及企业的技术创新都可以在这里发布和展示，成为京张公园项目的技术引擎。

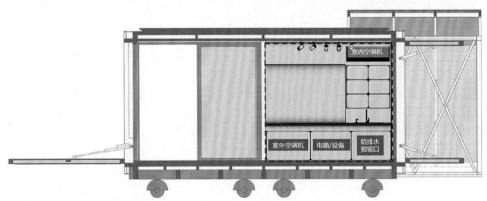

科技集市——移动盒子1

科技集市——移动盒子2

科技集市——移动盒子3

科技集市——移动盒子4

科技集市——移动盒子5

科技集市以移动盒子为载体，詹天佑化身为虚拟人出现在移动盒子立面中，作为科技互动的窗口。数字人模拟游客微表情，转译游客语言与詹天佑进行对话。移动盒子支持来自企业、高校等科技前沿的信息与技术，营造公园科技氛围。

③科技＋运动。《全民健身计划（2021—2025年）》《健康中国行动（2019—2030年）》指出要推动体育和智能健身设施的建设，支持开展智能健身、云赛事、虚拟运动等新兴运动。京张公园结合全民健身建设了"检测→运动→复检"全流程的新型智能化健身场景，与传统的普通健身设施不同，结合智慧设施进行智慧化升级，打造智能健身的应用示范场景。

智慧健身组团采用"检测→运动→复检"的全流程健身方案，依据锻炼不同肌群的智能化健身设备，实现多元的运动分区与体系化的健身体验。通过图像智能算法指导运动姿势，构建出兼具科学性与专业度的智

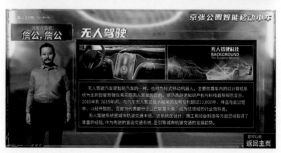

科技集市软件图

能健身场地及多功能的体育考试户外自习室，提高运动成效，让坚持不再困难。

智慧健身场全景效果图

智慧健身场——体适能设施效果图

智慧健身场——全龄健身装置效果图

智慧健身场——竞速跑道效果图

智慧健身场——智慧球场效果图

智慧健身场落地全景

智慧健身场——全龄健身装置实景

智慧健身场——全龄健身互动骑行设施实景

智慧健身场——体适能跳高设施实景

智慧健身场——全龄健身"AI教练"实景

智慧健身场——全龄健身运动会大屏幕实景1

智慧健身场——全龄健身运动会大屏幕实景2

智慧健身场——全龄健身体测仪实景

## 06 项目建成后的效益

### （1）经济效益

智慧管理平台建成后有效提升了管理效率，降低了人力成本及运营成本，驱动公园管理走向精细化、科学化、智能化，最终高效、低成本地助力园林行业管理和运营的数字化、精细化、生态化、智慧化发展；同时带动了本地区和周边地区整体升值。

### （2）社会效益

科技集市、科技剧场的建设能够吸引周边居民在公园内活动、了解前沿科技，能够聚集人气，丰富居民生活。智慧健身场的建设能够激发居民健身兴趣、倡导科学健身，提高户外健身趋势及全民健康水平。

# 北京西单文化广场更新——
## 隐匿在森林绿意之中的商业空间

项目地点：北京市西城区

占地面积：1.85hm²

景观设计：北京创新景观园林设计有限责任公司

主创设计师：李战修

设计团队：梁毅、王阔、徐建、张博

摄影：梁毅、王阔

获奖：中国风景园林学会科学技术奖（规划设计奖）二等奖、2021年国土
空间规划优秀案例（城市更新案例）、2022年北京城市更新最佳实践

## 01 平衡与融合，助力区域产业升级

西单文化广场更新项目开始于2015年，由华润置地和西城区政府以"政企合作"的形式开展。它解决了城市更新中一系列最典型的矛盾：一侧是代表国家政治中心形象的长安街，一侧是承载传统城市商业中心活力的西单北大街；地上是城市空间和公共绿地，地下是商业场所，需要平衡公共利益和企业利益等。更新改造过程中体现了策划、规划、建筑、结构、园林、运营等多专业的融合。

西单文化广场南侧紧邻长安街，西侧为西单北大街，北侧为武功卫胡同，东侧为横二条。规划用地性质为公园绿地，面积约1.85hm²，南北长约130m，东西宽约150m。

项目区位图

自1950年，西单文化广场所在地就是该区域重要的公共开放空间，先后作为体育场、劝业场、文化广场等面向公众开放，集体育、商业、文化、景观等功能于一身，是凝聚城市活力、为市民提供丰富多样体验的重要场所。西单文化广场的落成，为该地区带来了新的气象，也使这里成为辐射周边地区的一个重要的交通枢纽。但随着自身设施老化和周边大型商场崛起，低效衰退的城市空间资源面临重新调整的需要。本次对西单文化广场的更新改造开始于2015年，

历时6年，于2021年4月完成整体的改造更新，疏解了低端商业，腾笼换鸟，为产业升级做好了准备。

改造前的地下77街

## 02 桃花源，隐于闹市

西单文化广场原规划为公园绿地，其西侧、北侧用地以商业、商务为主，东侧为文化设施用地。改造前的广场采用了大面积硬质铺装结合树阵的形式。由于覆土高度仅有60cm，无法满足大树的生长需求，土壤偏碱性，比较贫瘠，排水不畅，因此现状树木长势较差。

改造前的硬质铺装广场

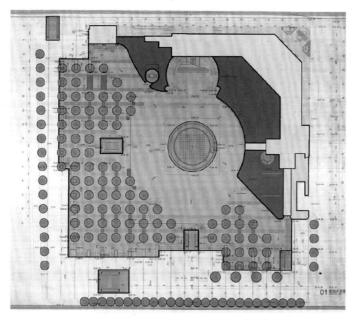

现状植被
现状树阵
现状广场铺装
现状疏散楼梯
现状喷泉景观

改造前广场平面示意图

覆土 60cm

改造前的植物种植条件

　　本次更新改造的景观设计理念可概括为："桃花源"式的空间格局，"隐于闹市"的空间叙事。将城市广场变成绿色公园，营建一个隐匿在园林之中的商业空间，即地上是绿地公园，地下是商业空间，强调地上地下、室内室外的融合，形成在公园里休闲、逛街的体验。

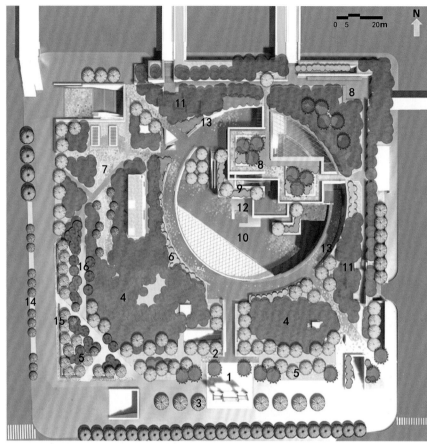

1 牌楼广场
2 跌水景墙
3 树阵广场
4 密林种植区
5 沿街种植区
6 环形步道
7 花境草坪
8 屋顶花园
9 层台花园
10 下沉庭院
11 坡地密林
12 跌水池
13 入口水景墙
14 沿街种植池
15 花池景墙
16 林荫步道

景观改造平面图

鸟瞰效果图

广场南北向剖面图

广场东西向剖面图

场地剖面示意图

　　随着时代的变迁，曾经巨大尺度的硬质铺装广场已无法满足市民的实际需求，设计理念从注重硬质景观向注重生态转变，更加关注人的体验和绿色生态效应。通过植物景观的营造调节西单广场周边的小气候，减少热岛效应，降低噪声，净化有害气体，由景观大广场更新为具有生态效应的城市绿洲。整个广场保留了场地的文化原点"瞻云牌楼"，打开"屋顶"，回归自然，在公园下面做商场，将公园、商业及地铁统筹设计在一起。地上广场变成了公园式林下空间，"城市森林"围绕着环形下沉广场。人们可以从多个入口进入广场，打破了城市街道与公园、商业及地铁枢纽的边界，提供消费之外的偶然和惊喜式的体验，是一个"桃花源"式的空间格局。以逛公园的体验作为深藏不露的商业空间引导，以豁然开朗的下沉商业为场地景观提供焦点和高潮。

改造前的瞻云牌楼及其周边

改造后的瞻云牌楼及其周边

改造前广场铺装面积较大　　　　　　　　　　改造后绿地结合园路

改造前的树阵与绿篱，绿化面积小

改造后的成片绿地，增加绿化面积

下沉广场

## 03 多维绿色空间营造

　　更新改造方案以沿街景观、森林绿谷、环形花带、屋顶花园等不同形式，体现景观与建筑的融合，以北京的乡土树种为主，通过立体空间的营造手法，从外围采用层层递进的空间形式，穿过瞻云牌楼，进入"城市森林"。场地中间是海棠花围合成的花谷，从曲径通幽到豁然开朗的地下商业空间，整体绿地增加了覆土，对商业空间进行了增高，既为提高空间品质提供了条件，又增加了绿化面积，顺应了减量式发展的趋势。

（a）环形景墙

（b）树阵台阶

增加休息设施

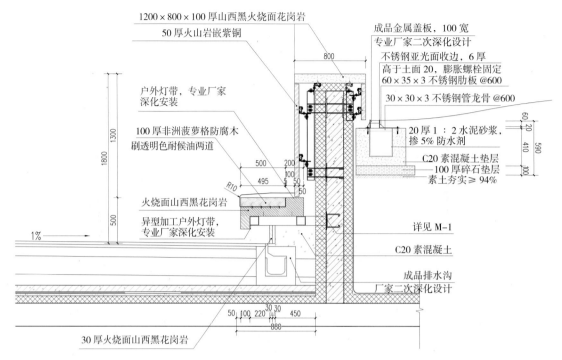

环形景墙坐凳剖面图

西单北大街的剖面采用层层递进的形式，中间是海棠花形成的花谷。南北方向，穿过瞻云牌楼，曲径通幽，直到下面豁然开朗的商业空间。

更新后的广场硬质铺装面积从原来的1.3万平方米减至7000多平方米，绿地面积增加了6200m²，覆土厚度从改造前的0.6m增加至改造后的1.5~2m，植物从改造前的140株增加到改造后的300多株。

## 04 "城市森林"理念营造"近自然"生态景观

改善种植条件，从"花盆植树"到"城市森林"，将建筑隐藏在茂盛的树木中。营造简洁、大气、时尚、符合长安街整体绿化风格的城市公共空间。绿化种植形式上采用上层大乔木配合地被，形成通透疏朗的效果。植物选择以北京乡土植物为主，如油松、国槐、栾树、元宝枫、海棠等，栽植胸径30cm以上大树10株，营建近自然的异龄混交形式。林下栽植地被近10000m²，选用委陵菜、矾根、狼尾草等40余种植物，形成高品质的绿色空间。同时，增加吸引鸟类的蜜源、果源植物，体现空间的生态功能和生物多样性。广场中部种植北美海棠、西府海棠等开花小乔木，以环状花环的形式突出商业空间的热闹氛围。

广场西侧外围林下空间

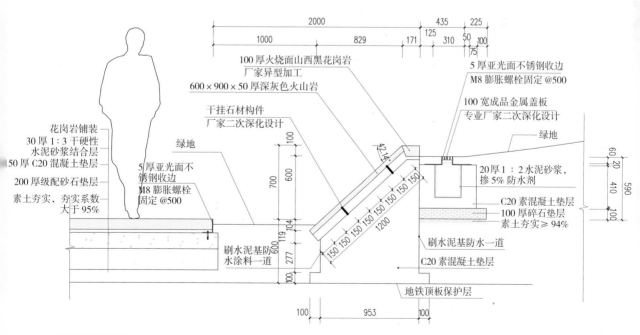

景观挡墙剖面图

### 05 屋顶花园营造

西单文化广场改造后地上为公园绿地，地下为商场及地铁交通枢纽，形成面积约5000m²的屋顶花园。为保证植物长势良好，预留覆土厚度1.5~2m，对种植土壤进行改良，使土壤基质松散不积水，理化性质达标，肥力足，同时做好大树的支撑，防止倒伏。屋顶采用蓄排水板、渗水管等排水设施，按需增设树笼灌水器以利浇灌和透气。

### 06 新技术、新工艺、新材料

为改善小气候，绿地内增加降尘雾喷设施，调节绿地内的温度和湿度，改善生态环境，为市民提供一处高品质的城市公共空间。

下沉庭院水景

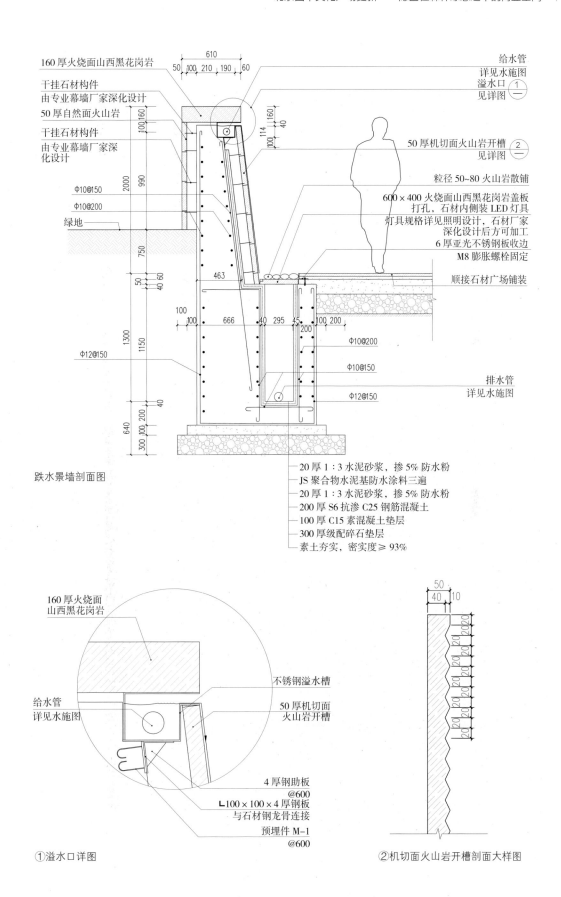

160 厚火烧面山西黑花岗岩

干挂石材构件
由专业幕墙厂家深化设计

50 厚自然面火山岩

干挂石材构件
由专业幕墙厂家深化设计

610
50 100 210 190 60

给水管
详见水施图
溢水口 ①
见详图 一

50 厚机切面火山岩开槽 ②
见详图 一

粒径 50~80 火山岩散铺

600×400 火烧面山西黑花岗岩盖板
打孔，石材内侧装 LED 灯具
灯具规格详见照明设计，石材厂家
深化设计后方可加工

6 厚亚光不锈钢板收边
M8 膨胀螺栓固定

顺接石材广场铺装

绿地

Φ10@150
Φ10@200

Φ12@150

Φ10@200

Φ10@150

Φ12@150

排水管
详见水施图

跌水景墙剖面图

20 厚 1:3 水泥砂浆，掺 5% 防水粉
JS 聚合物水泥基防水涂料三遍
20 厚 1:3 水泥砂浆，掺 5% 防水粉
200 厚 S6 抗渗 C25 钢筋混凝土
100 厚 C15 素混凝土垫层
300 厚级配碎石垫层
素土夯实，密实度≥93%

160 厚火烧面
山西黑花岗岩

给水管
详见水施图

不锈钢溢水槽

50 厚机切面
火山岩开槽

4 厚钢肋板
@600
∟100×100×4 厚钢板
与石材钢龙骨连接
预埋件 M-1
@600

①溢水口详图

50
40 10

②机切面火山岩开槽剖面大样图

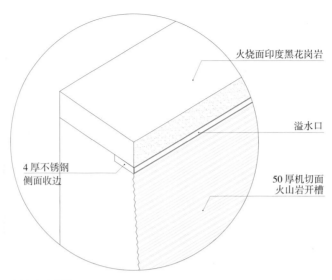

火烧面印度黑花岗岩

溢水口

4 厚不锈钢
侧面收边

50 厚机切面
火山岩开槽

景墙端头大样图

    结合景观照明、监控和网络等用途设置多功能灯杆。夜景照明设计多种照明模式，如平日模式和节日模式，同时节日模式也有不同颜色和内容变化。

广场夜景1

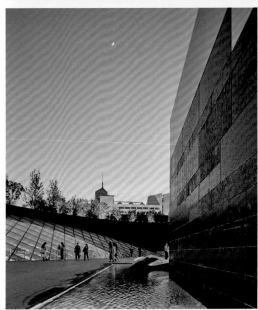

广场夜景 2

## 07 建成后的评价与意义

西单文化广场的更新改造，地上部分从空旷的灰色广场变为体现自然的绿色公园，地下由格子铺77街变为新型的购物中心，打破传统商业建筑凸显自我的形态，完全将商业空间隐匿在森林绿意之中。地上地下相互联动成为一个有机整体，形成了"公园＋商业＋地铁枢纽"全新城市绿色综合体，带动了西单地区商业的进一步繁荣，为北京市的城市更新提供了正向的参考。

# 上海乐山绿地口袋公园——
## 山水际会·众乐之源

项目地点：上海市徐汇区乐山路

项目占地：5600m²

设计时间：2021 年 1 月

建成时间：2021 年 10 月

设计单位：VIA 维亚景观

主持设计师：孙轶家

设计团队：孙轶家、周密、马丽、易洋帆、陈皓、吉文山、田一羽、
　　　　　施曼婷、周丰、纪慧敏、全帅群、范英英

结构顾问：和作结构（张准、陈学剑）

照明顾问：OUI light

幕墙顾问：上海石沁幕墙工程技术有限公司（金彪、钟东昌、蔡晨峰）

VI 设计、产品设计：VIA 维亚景观

业主单位：上海市徐汇区绿化管理中心

施工单位：上海徐汇园林发展有限公司

指导单位：上海市徐汇区绿化和市容管理局、上海市徐汇区徐家汇街道

公众参与：上海市徐家汇街道乐山片区居民

项目摄影：CreatAR Images，孙轶家

## 01　众乐之源：转角遇见公共的精彩

　　乐山绿地始建于20世纪80年代，位于徐汇区乐山社区中心区域、占地约5600m²，是周边地区唯一的集中公共开放空间。改造前绿地内部空间阴暗、设施陈旧，功能与当代市民游憩需求无法匹配。同时，绿地不仅为居住社区环抱，也紧邻办公园区、上海交通大学、小学幼儿园等文教办公设施，距徐家汇中心不过800m。

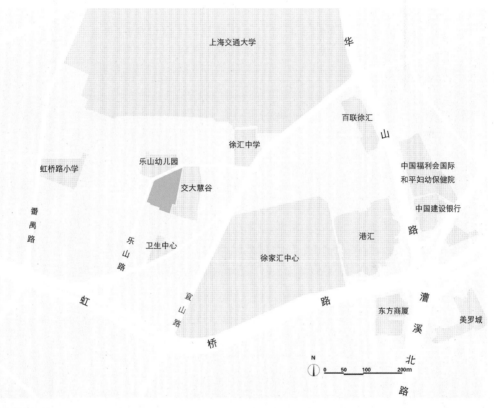

场地区位示意图

改造前的场地原貌

改造后的公园鸟瞰

改造后的公园景观近景

　　乐山绿地的更新设计以"乐"为基点，以"众乐之源"的立意组织适老适幼、宜游宜观、可憩可玩、可阅读能共享的多元景观空间，以全龄段、全时空可游憩的设计为整个社区提供了景观公共设施的一体化解决方案，同时也为周边居民与办公人群呈现了时尚优美的城市第五立面，重构了徐家汇城市繁华背后公共生活的精彩，也让口袋公园的更新改造成为再次激活城市公共生活的重要触媒。

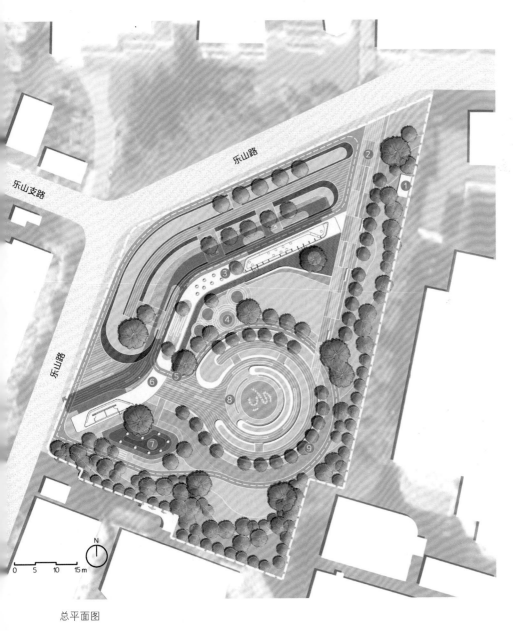

1　规划配电站
2　入口地雕
3　互动坐凳
4　儿童活动场地
5　300m 智能健身环道
6　众乐之廊
7　健身活动场地
8　"乐之源"剧场
9　保留扇面

总平面图

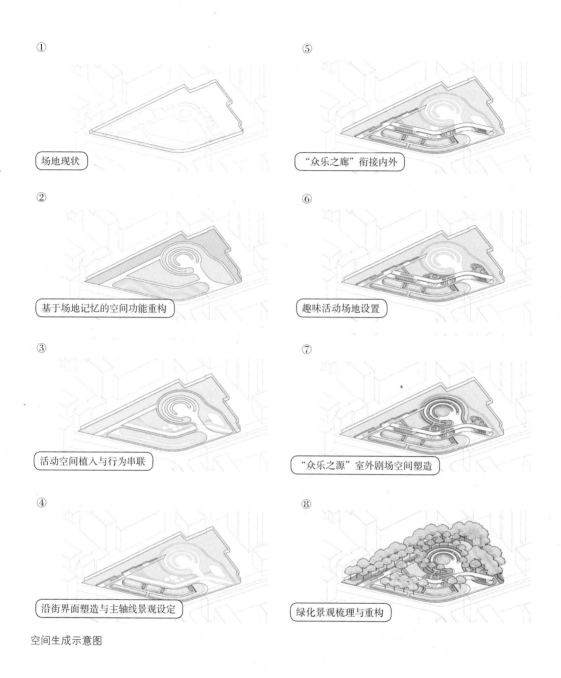

① 场地现状

② 基于场地记忆的空间功能重构

③ 活动空间植入与行为串联

④ 沿街界面塑造与主轴线景观设定

⑤ "众乐之廊"衔接内外

⑥ 趣味活动场地设置

⑦ "众乐之源"室外剧场空间塑造

⑧ 绿化景观梳理与重构

空间生成示意图

## 02 游观层次：众乐之廊的外与内

乐山绿地的设计以全长80m的"众乐之廊"为主要空间线索，大跨度轻型结构保证了廊内外视线与行为的通畅，也成为隐现于绿色中的"场所精神"的载体。"众乐之廊"不仅通过廊下空间结合造景为市民提供了遮阳避雨的趣味休闲空间，也整合了室内共享阅读空间、绿地管理用房等功能，响应了公共空间游憩、社区治理、公共管理等诸多公共议题。

口袋公园鸟瞰

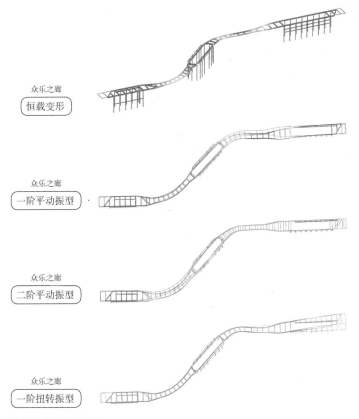

众乐之廊
恒载变形

众乐之廊
一阶平动振型

众乐之廊
二阶平动振型

众乐之廊
一阶扭转振型

众乐之廊结构模型图

全长80m的众乐之廊

游廊下方的休息空间

从公园步道望向共享阅读空间

共享阅读空间内部

众乐之廊外侧在设计中沿乐山路退让20m，将这一侧绿地环境塑造为完全融入街道的外向型绿化景观，优化乐山路人行道步行环境，以平缓折叠的暖色树池模拟"平坂小冈"，融"乐"于"山"。众乐之廊内侧则追求自然、明快、稳定的环境气氛营造，以结合音乐旱喷的"乐之源"社区舞台为中心，环绕布置其他绿地功能空间。将全设计定制的共享健身设施、儿童趣味空间融于周边的绿化景观中，根据日照分析结果布局室外休闲座椅。

供人休息游玩的公共空间

公园内的游乐区

全长约400m的环形慢跑道将廊外、廊下、廊内有机地组织在一起。游廊是中国园林中最重要的结构性园景表征；在乐山绿地，"众乐之廊"更是丰富口袋公园体验层次、呈现多元融合的公共空间和塑造场所精神的重要内容。

环形跑道与步道

## 03 时代营造：山以水型·山水相袭

目前，上海的城市景观更新已经进入"片区一体化治理更新"的全新局面，在尽可能保留现状乔木的基础上，乐山绿地在设计中提出了整体结构优化的创作思路。设计以符合当代行为和体验需求的简洁明快的结构为基础，也在经典中挖掘灵感。乐山绿地的设计提出"山以水型·山水相袭"的空间构型逻辑，将中国传统园林文化中基于山水格局的"聚散、动静、曲直、高下，旷奥"等内涵以当代的设计语言呈现出来，同时也恰当地回应了乐山社区居民对"山水""乐"等主题的喜好。

环形跑道及周边空间鸟瞰

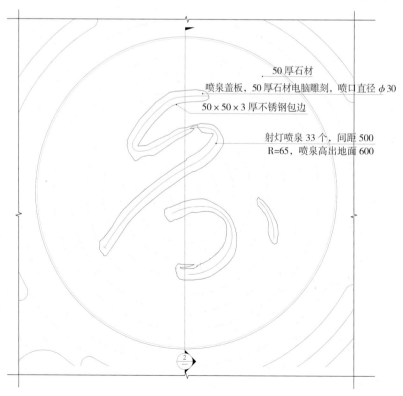

50 厚石材

喷泉盖板，50 厚石材电脑雕刻，喷口直径 $\phi$ 30

50×50×3 厚不锈钢包边

射灯喷泉 33 个，间距 500
R=65，喷泉高出地面 600

特色水景平面图

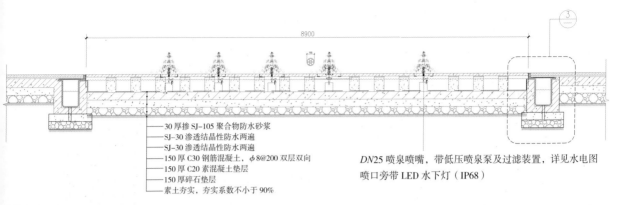

- 30 厚掺 SJ-105 聚合物防水砂浆
- SJ-30 渗透结晶性防水两遍
- SJ-30 渗透结晶性防水两遍
- 150 厚 C30 钢筋混凝土层，$\phi$8@200 双层双向
- 150 厚 C20 素混凝土垫层
- 150 厚碎石垫层
- 素土夯实，夯实系数不小于 90%

*DN*25 喷泉喷嘴，带低压喷泉泵及过滤装置，详见水电图
喷口旁带 LED 水下灯（IP68）

②特色水景剖面图

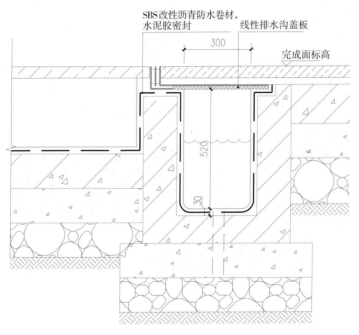

③水景节点大样图

## 04 共同叙事：作为城市"空间文本"的口袋公园

　　乐山绿地的更新设计在注重整体空间结构与逻辑的同时，将景观空间视作激发市民良性活动、促进公共生活的载体，通过景观与空间营造使建成环境成为可阅读、可互动的对象。设计通过可坐、可玩的白色艺术混凝土坐凳与园林景观融合，激发非限制性趣味活动；通过可发光的重力感应坐凳，为儿童趣味空间提供惊喜；通过下凹5mm的场地设计，为中心音乐旱喷提供了丰富的延时体验，让喷泉落幕后的水镜成为孩子们的下一个"自然玩具"；通过挖掘传统元素，形成步移景异的景观空间，让每个使用者都能找到属于自己的角落。

　　若持续演进的上海城市文脉是一本书，那乐山绿地的更新就是其中的一页，需要"读者"基于自己的个体经验去阅读、对话、评价。每个人的不同体验所构成的"生活艺术"将是城市更新与公共生活的真正主角。

公园内的步道

从公园步道望向长廊

共享阅读空间近景

与景观融合的白色混凝土艺术凳座位区

儿童游乐区

## 05 "口"·"袋"·"公"·"园"

目前，口袋公园多指占地面积小于10000m²的公共绿地，其规模虽达不到传统公园的标准，但在城市高密度空间中，口袋公园的社会功能、生态属性、风貌呈现却尤为重要。位于上海徐家汇地区的乐山绿地就是其中的代表之一。乐山绿地的更新特别关注"口"部设计，强调面向街区开放的姿态，优化沿街的行为渗透融合，让更新后的乐山绿地成为整体街区慢行系统中最重要的一环。同时，基于社区居民使用需求调研的结论，有效组织多元特色功能，将活动空间与自然绿化景观融合，让每个"口袋"都能在稳定安全的环境下承载恰当的趣味、康体、休闲活动。考虑到规模限制，乐山绿地在使用上必然存在一定的空间竞争性，为了确保口袋公园的"准公共物品"属性，设计上通过增加绿地层次、强化路径与游憩空间的耦合，尽可能地提升绿地的空间容量，更好地呈现全龄、全时空、非排他的特征。同时，通过全过程的公众参与，使更新后的口袋公园成为真正具有归属感的社区开放公共空间。

从入口望向活动区域

步道与景观1

步道与景观2

步道与景观3

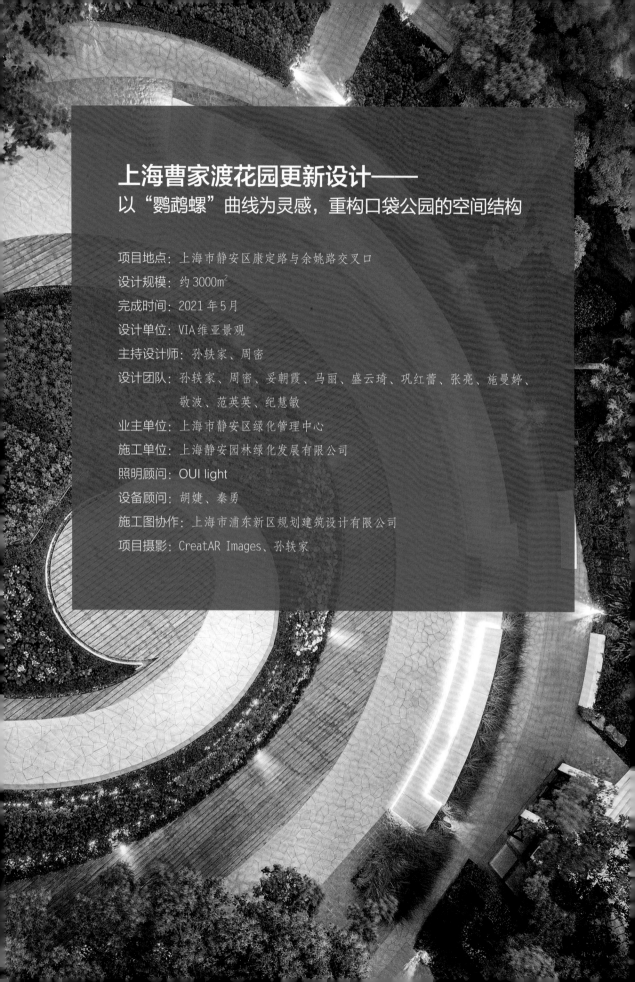

# 上海曹家渡花园更新设计——
## 以"鹦鹉螺"曲线为灵感，重构口袋公园的空间结构

项目地点：上海市静安区康定路与余姚路交叉口

设计规模：约 3000m²

完成时间：2021 年 5 月

设计单位：VIA 维亚景观

主持设计师：孙轶家、周密

设计团队：孙轶家、周密、妥朝霞、马丽、盛云琦、巩红蕾、张亮、施曼婷、
　　　　　敬波、范英英、纪慧敏

业主单位：上海市静安区绿化管理中心

施工单位：上海静安园林绿化发展有限公司

照明顾问：OUI light

设备顾问：胡婕、秦勇

施工图协作：上海市浦东新区规划建筑设计有限公司

项目摄影：CreatAR Images、孙轶家

## 01 重构：场地记忆中的"鹦鹉螺"曲线

　　曹家渡花园位于上海市静安区康定路与余姚路交叉口，原名康余绿地，占地约3000m²，最初采用日本设计师星野嘉郎的方案于2003年建成。表面上，花园经年历久整体空间呈现老态；核心问题则是当初偏传统园林的具体节点与路径营造，以及大量曲线景墙构成的复杂内向空间，与当代的市民日常体验需求并不相符。而场地内大量常绿大乔木下的中下层植物生长态势较差，也需进行整体优化。

　　项目委托方并不希望进行较大范围的调整，而是以"微更新"的方式对场地与绿化进行梳理。设计师们迅速找到了一条有效的更新路径，即：在全面保留现场大树的前提下，放弃场地中复杂的折线手法，简化和梳理场地中的大量曲线空间，并结合曲线空间将场地中隐含的"鹦鹉螺"曲线用更简洁的方式再现出来，以此作为场地记忆，重构口袋公园的空间结构。

场地鸟瞰

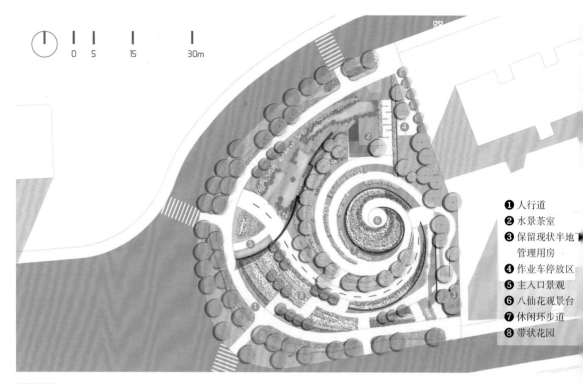

总平面图

❶ 人行道
❷ 水景茶室
❸ 保留现状半地下
　管理用房
❹ 作业车停放区
❺ 主入口景观
❻ 八仙花观景台
❼ 休闲环步道
❽ 带状花园

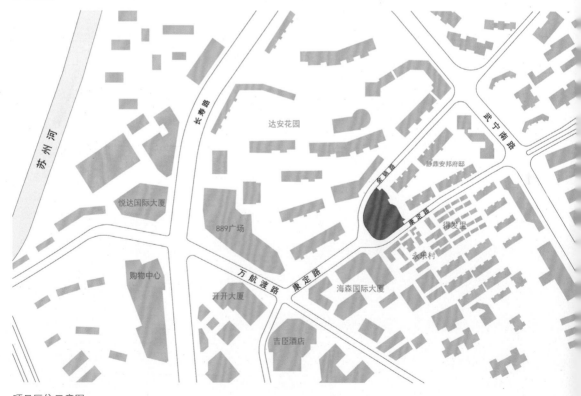

项目区位示意图

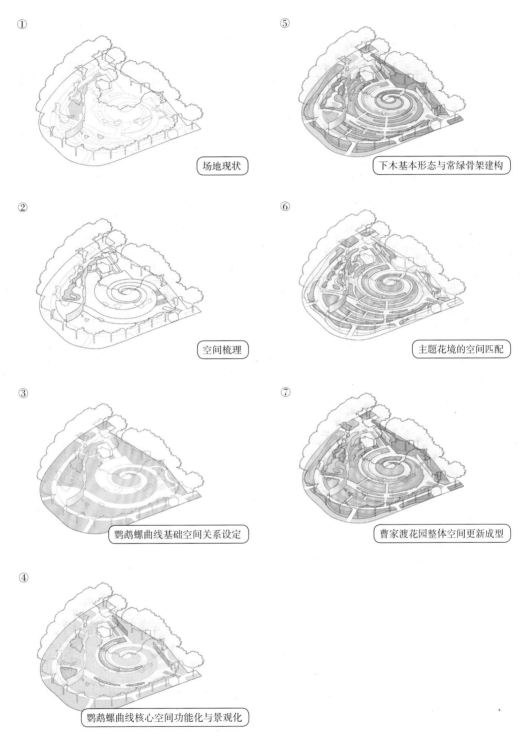

① 场地现状

② 空间梳理

③ 鹦鹉螺曲线基础空间关系设定

④ 鹦鹉螺曲线核心空间功能化与景观化

⑤ 下木基本形态与常绿骨架建构

⑥ 主题花境的空间匹配

⑦ 曹家渡花园整体空间更新成型

曹家渡花园空间设计生成过程

保留大乔木与林下场地的关系

## 02  激活："鹦鹉螺"曲线的空间效能与趣味

在本次更新前，场地内缺乏短暂停留的休憩空间，随意设置的坐凳与其他设施让绿地空间显得十分杂乱。于是，设计师们在设计中结合"鹦鹉螺"曲线布局停留休憩空间，并使功能空间景观化，融入整体景观结构。同时基于现场需求调研，为晨练人群、周边居民的遛鸟活动匹配了相应的场地空间与设施。

进入绿地的路径过于曲折、狭小

60m 长的红砖景墙是现状场地空间骨架

街头空间与花坛关系过于复杂，显凌乱

绿化景观单调、无特征　　大树茂密，红色曲线景墙统治空间　　复杂的曲线景墙给人封闭的感受

主园路狭窄，体验不佳　　曲线与碎拼地面形成场地记忆　　静态小水景难于养护管理

更新前场地分析

核心景观区俯瞰　　　　　　　　　　　　　发光休闲台阶坐凳与绿化景观

　　设计师们在空间上强化"鹦鹉螺"曲线作为景观体验主轴的功能与趣味，在优化、突出沿街感受和3处主要入口景观的同时，也在恰当与必要之处设置一些更快捷的进入与活动连接路径，以满足场地中存在的不同活动需求。

发光休闲台阶引发的活动

发光休闲台阶与保留红砖景墙

景观空间引发的趣味活动

休闲台阶、遛鸟空间与绿化景观的结合

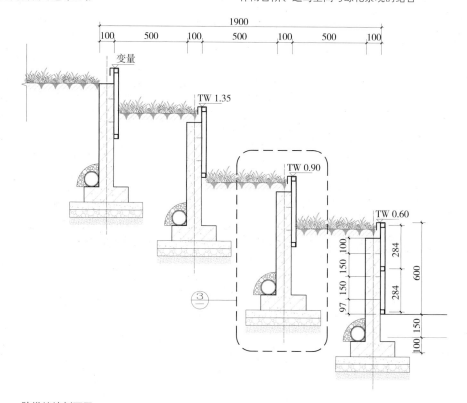

阶梯挡墙剖面图

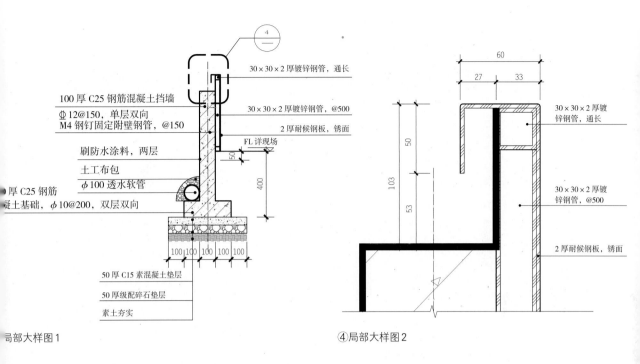

100 厚 C25 钢筋混凝土挡墙

30×30×2 厚镀锌钢管，通长

⚬ 12@150，单层双向
M4 钢钉固定附壁钢管，@150

30×30×2 厚镀锌钢管，@500

2 厚耐候钢板，锈面

刷防水涂料，两层

FL 详现场

土工布包

ϕ100 透水软管

厚 C25 钢筋
凝土基础，ϕ10@200，双层双向

50 厚 C15 素混凝土垫层

50 厚级配碎石垫层

素土夯实

局部大样图 1

④局部大样图 2

30×30×2 厚镀锌钢管，通长

30×30×2 厚镀锌钢管，@500

2 厚耐候钢板，锈面

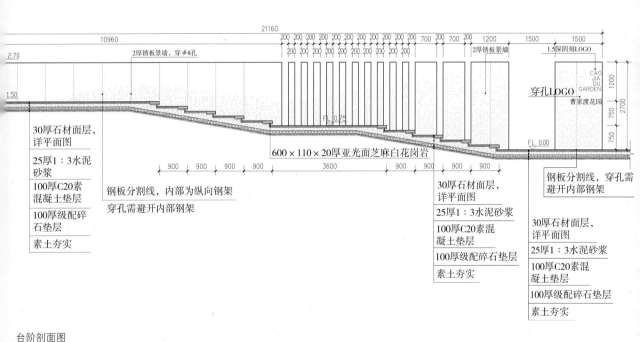

2.70

1.50

2厚锈板景墙，穿ϕ8孔

2厚锈板景墙

1.5深阴刻LOGO

CAO JIA DU GARDEN

穿孔LOGO

曹家渡花园

FL 0.75

FL 0.00

30厚石材面层，详平面图

25厚1：3水泥砂浆

100厚C20素混凝土垫层

100厚级配碎石垫层

素土夯实

钢板分割线，内部为纵向钢架
穿孔需避开内部钢架

600×110×20厚亚光面芝麻白花岗岩

30厚石材面层，详平面图

25厚1：3水泥砂浆

100厚C20素混凝土垫层

100厚级配碎石垫层

素土夯实

钢板分割线，穿孔需避开内部钢架

30厚石材面层，详平面图

25厚1：3水泥砂浆

100厚C20素混凝土垫层

100厚级配碎石垫层

素土夯实

台阶剖面图

曹家渡花园的更新设计，既实现了整体清晰、结构功能相对完善的"园"的重塑，也彻底改变了更新前在视线与行为上都过于内向、杂乱的整体感受，使之更好地融入城市街景，达成了从传统街头绿地转向当代"口袋公园"的更新目标。

康定路入口景观

入口耐候钢板景墙与标识

新增景墙与台阶花境

星光耐候钢板景墙与保留竹林

## 03 焕新：都市核心区的一体化花境

现场以香樟为主的大乔木长势良好，形成难得的都市绿荫，却也在相当程度上影响了下层花灌木的生长。因此，下层绿化的调整也成为本次更新的重点工作。

林下景观肌理

花园中心景观

　　在这里，设计师们放弃了造景式的绿化搭配方式和缺乏主干结构的点景式花境做法，而是坚定地转向匹配"鹦鹉螺"曲线空间结构的绿化配置。下层绿化将常绿骨架和具有表现能力的花卉结合形成花境，并选用半耐阴的绣球作为主要的花境植物。于是，曹家渡花园更新后成为上海都市核心区鲜见的超大型一体化花境，不仅特征鲜明，植物景观结构稳定、层次丰富，也便于后期养护和管理。

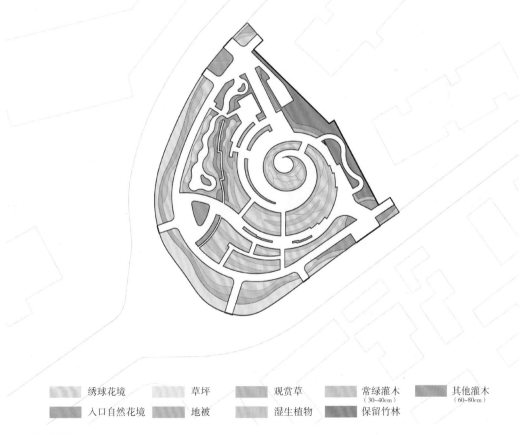

| | 绣球花境 | | 草坪 | | 观赏草 | | 常绿灌木<br>（30~40cm） | | 其他灌木<br>（60~80cm） |
|---|---|---|---|---|---|---|---|---|---|
| | 入口自然花境 | | 地被 | | 湿生植物 | | 保留竹林 | | |

特色花境空间分型

曹家渡花园的植物景观层次与休闲场景　　　　　"鹦鹉螺"曲线组织的趣味活动空间

## 04　问源：口袋公园的基础空间逻辑

口袋公园是当下国内城市更新与公园城市建设的重要组成部分。设计师们曾在上海乐山绿地口袋公园的设计中尝试用"口·袋·公·园"的方式讨论当代中国大城市口袋公园的基础功能与内涵。当他们用同样的方式来看待曹家渡花园的更新设计时，则发现曹家渡花园三处主要"入口（口）"结合人行道绿化空间的整体优化，不仅将口袋公园更好地融入了街道空间体验，也恰好呈现了它的"公共性（公）"。同时，基于场地记忆重塑的"鹦鹉螺"曲线，首先让曹家渡花园具备了完整的"园"的结构，而这个结构也成为相关"职能空间（袋）"植入的基础。

从花园内部看向康定路的景观　　　　　　　　　　从人行道看向曹家渡花园

沿街花境

西侧入口节点

由此，在曹家渡花园的更新设计中，设计师们发现"口·袋·公·园"中的"口"与"园"的互动关系或许是支撑整体更新的基础空间关系和底层逻辑，而曹家渡花园在空间上随山就水的整体自然花境特征也因之成型。

花园中心景观夜景

"鹦鹉螺"曲线景观空间与星光景墙1

"鹦鹉螺"曲线景观空间与星光景墙2

# 水滴花园
## ——兼容商业需求与个性化生活方式的空中花园

项目地点：广东省深圳市华润万象天地商业四层

景观面积：2200m²

建成时间：2020 年

景观设计：大小景观

设计团队：钟惠城、宋妃敏、凌齐美、蓝皓、袁绍钟、林娟、张怡亮、
林丙兴、梁嘉惠

业主：深圳华润

业主团队：林丽丹、张建军、莫宗宁

景观施工：深圳唐彩装饰科技发展有限公司

景观施工图：深圳市宏瑞园林景观有限公司

艺术装置施工：广东方园时尚雕塑

建筑顾问：Foster+Partners

摄影：南西摄影

花园鸟瞰

## 01 像水一样，我的朋友

位于南山区深南大道的万象天地是深圳当下最具人气的商业街区。随着季节或节日的更替，这个时尚街区也会随之切换使用场景。而在缤纷繁华的商场四层，隐藏着一处连接办公塔楼与商场的屋顶花园，这里也将作为周边居民日常休闲的共享空间。

面对场地多样的使用人群以及频繁切换的使用场景，设计师们试图为该屋顶

日常的水滴花园

花园提供一个可聚可散的方案。他们以"水滴"既"有形"又"无形"的特性为灵感，设计了一座既能满足高容量商业活动需求，又能兼容个性化生活方式的"水滴花园"。

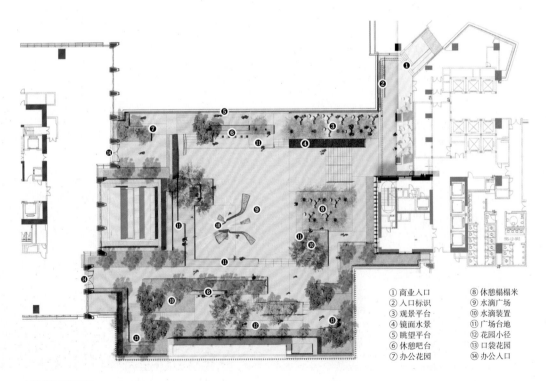

① 商业入口　⑧ 休憩榻榻米
② 入口标识　⑨ 水滴广场
③ 观景平台　⑩ 水滴装置
④ 镜面水景　⑪ 广场台地
⑤ 眺望平台　⑫ 花园小径
⑥ 休憩吧台　⑬ 口袋花园
⑦ 办公花园　⑭ 办公入口

水滴花园平面图

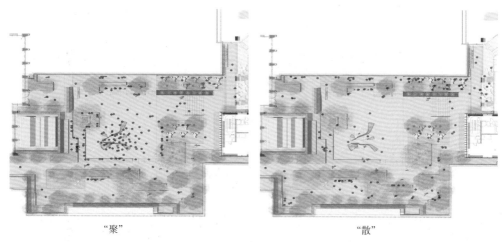

"聚"　　　　　　　　　　　　　　　　"散"

水滴花园的"聚"与"散"

## 02　聚而有形

　　水滴花园整体呈聚合的形态。花园中央是一处面积约500m²的下沉广场——水滴广场。作为承载各类公共或商业活动的聚合空间,广场的边界由不同高差的台地围合而成,成为面向广场的天然观众席。设计师们通过巧妙的种植设计,使台地与广场若即若离,忽远忽近,呈现出丰富灵活的空间变化。

整体呈现聚合下沉效果的水滴广场

正在举办商业活动的水滴花园

作为天然观众席的台地坐凳

　　设计师们在水滴广场内设计了一组"水滴"装置，作为花园的视觉焦点，强化了花园的聚合性。同时，水滴装置也是一组能够与人互动的喷雾景观。白天，这里是儿童尽情嬉戏的场所；夜晚，雾森缭绕，水滴般的灯光在深色铺装基底的衬托下，犹如水中的星空。这份浪漫也吸引了年轻人的参与。

嬉戏中的儿童

夜幕下的水滴广场

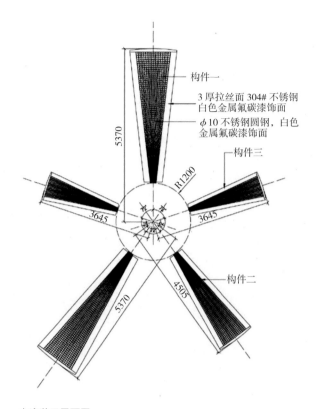

构件一

3 厚拉丝面 304# 不锈钢
白色金属氟碳漆饰面

φ10 不锈钢圆钢，白色
金属氟碳漆饰面

构件三

R1200

构件二

3645

3645

5370

5370

4505

水滴装置平面图

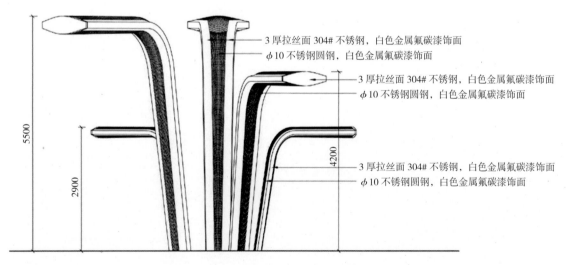

3 厚拉丝面 304# 不锈钢，白色金属氟碳漆饰面
φ10 不锈钢圆钢，白色金属氟碳漆饰面

3 厚拉丝面 304# 不锈钢，白色金属氟碳漆饰面
φ10 不锈钢圆钢，白色金属氟碳漆饰面

3 厚拉丝面 304# 不锈钢，白色金属氟碳漆饰面
φ10 不锈钢圆钢，白色金属氟碳漆饰面

5500

2900

4200

水滴装置立面图

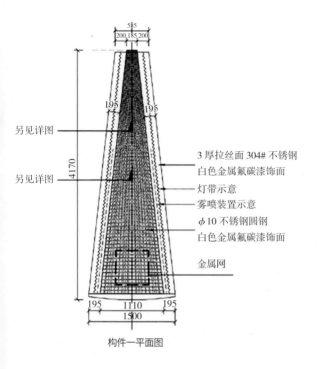

3 厚拉丝面 304# 不锈钢
白色金属氟碳漆饰面
灯带示意
雾喷装置示意
φ10 不锈钢圆钢
白色金属氟碳漆饰面
金属网

构件一平面图

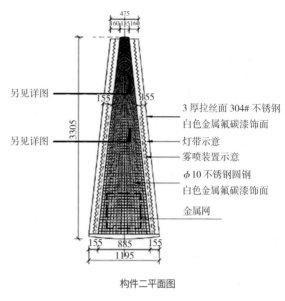

3 厚拉丝面 304# 不锈钢
白色金属氟碳漆饰面
灯带示意
雾喷装置示意
φ10 不锈钢圆钢
白色金属氟碳漆饰面
金属网

构件二平面图

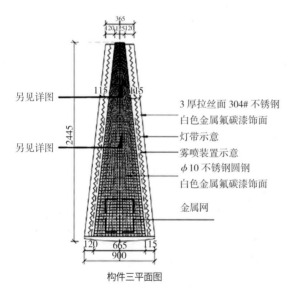

3 厚拉丝面 304# 不锈钢
白色金属氟碳漆饰面
灯带示意
雾喷装置示意
φ10 不锈钢圆钢
白色金属氟碳漆饰面
金属网

构件三平面图

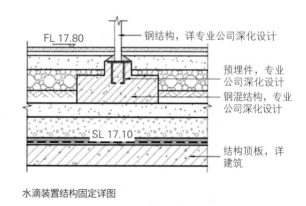

钢结构，详专业公司深化设计
预埋件，专业公司深化设计
钢混结构，专业公司深化设计
结构顶板，详建筑

水滴装置结构固定详图

## 03 散而无形

中央广场的四周"散落"着不同尺度的口袋空间。设计师们希望它能为每一位到访者提供专属的"自定义"时刻。北侧——"城市眺望台"：人们可以在此凭栏远眺，美景尽收眼底。东侧——"花园榻榻米"：悬浮的木平台上有精心选择的绿荫作为遮盖，为社交活动提供了安静、放松的空间。

夜幕下的城市眺望台

凭栏远眺

可席地而坐的"花园榻榻米"

南侧——"袖珍花园"：散落林荫下的花园，成了这处高日照强度区域更为私密舒适的社交场所。西侧——"办公花园"：一系列灵活有趣的家具组成了职场人放松身心的空间。

在一天的不同时段，随着到访者移动轨迹的变化，四周的口袋空间与中央广场之间的活力关系也随之变化，如水一般无形。

小朋友与大朋友共享袖珍花园

办公花园

袖珍口袋空间

花园的种植设计

## 04 坐的即兴艺术

坐凳必须是450mm高吗？坐面必须是600mm宽吗？在水滴花园里，设计师们希望为"坐者"提供一个更自由、更放松的环境，犹如爵士乐里的即兴演奏。加长的坐凳提供了更舒适的社交距离；加宽的坐面使人能够更惬意地躺靠。

闭目养神

坐的即兴艺术1

　　为矮墙加上一片木压顶，便成为坐凳；在升高的木平台种上一棵树，便成为榻榻米。条凳下方的钢肋隔断可以成为家长的储物柜；条凳上圆润的倒角规避了儿童碰撞的风险。除了固定的坐凳，在特定的场地中也摆放了一些可移动家具，人们可以根据需要进行挪移。坐的艺术，空间无限。

坐的即兴艺术2

可移动家具

# 上海新华路口袋公园
## ——重新激活被遗忘的城市边角空间

项目地点：上海市长宁区新华路359号新华社区青年中心旁
建成时间：2020年9月
业主单位：长宁区新华路街道办事处
设计单位：水石设计

　　我们希望在钢筋水泥的城市中创造一个自然且具有诗意的空间，通过空间的力量，将人们从繁忙的都市生活中抽离出来，浸入一个静谧的，可漫步、闲坐、观展、赏花的自然花园。

　　项目位于上海市长宁区新华路上，道路两旁布满高大茂密的梧桐和绿树掩映的洋房，因此被誉为"上海第一花园马路"。场地是新华路上两栋建筑之间一个长22m、最宽处不足4.2m的弄堂空间，过去是一个路边违建的小面馆，面馆拆迁后，此处就变成了一个闲置空间。因此，新华路街道办事处希望将其改造成一个能为周边居民服务的口袋公园。

项目场地航拍

位于新华路上的入口街景

## 01 初识场地

　　7月末，设计师们第一次走进场地。半米高的野草在原来的厨房地面中顽强地生长。穿梭于过膝的野草丛中，最大的感受是若能在上海这样快速城市化的一线都市中保留一个公共、开放、绿色的空间是十分珍贵的。

　　所以，经过和甲方的讨论，设计师们为这100m²的小弄堂在功能上做了两个定义：一是使其成为一个为周

改造前的场地

边社区服务的口袋花园；二是形成一个可满足持续展览的街头展廊。设计师们希望借此重新激活城市的"边角料"空间，服务于周边居民。

## 02 介入场地

通过对场地的研究，设计师们决定通过三个设计动作介入场地：镜面不锈钢系统、耐候钢入口、植物系统。

### （1）镜面不锈钢系统

首先，在内部弄堂两侧墙面上设置了镜面不锈钢系统，这是整个设计的核心。两边的镜面系统将反射中间的小花园，当人从中走过时，仿佛步入一个无限的自然花园，从而获得一种在城市中很难得的体验。

改造后的口袋公园

　　部分镜面系统是可旋转的。当它旋转过来以后，是一块块可更换的展板，形成一个可以持续提供内容的街头画廊。使用手机扫描展板上的二维码，便可进入网上无限的展览空间。

　　同时，两侧的镜面就像一个荧幕，它的反射记录着植物一年四季随时间的不停变化。不同的人在这里与镜面、植物互动，呈现一道时间性的风景。

　　从城市管理及安全的角度考虑，这个空间原本离城市道路较远且相对封闭，设计师们希望通过镜面的反射，形成一定的提示作用，避免这里成为城市犯罪空间。

可旋转镜面与无限空间

镜面展示

## （2）耐候钢入口

　　接下来是设置一个由耐候钢形成的入口。这里布置了一个关于新华路历史建筑的永久展。设计师们认为整个新华路应该被看成一个鲜活的博物馆，而这里将成为介绍新华路上众多珍贵历史建筑的小序厅。所以，具有厚重感的耐候钢是对历史的回应，同时谦卑自然地介入城市街道界面。

入口展示1

入口展示2

### (3) 植物系统

最后是花园里的植物系统。设计师们认为植物的氛围和维护都是设计重要的切入点。通过40cm以下、40~80cm以及80cm以上三种不同高度的植物搭配，建立丰富的层次及与人身体的关系。当人步入花园时，过膝的植物会给人较强的包裹感，仿佛步入一片无限的花海。

以鼠尾草、满天星、矮蒲苇、粉黛乱子草为主的花草组合呈现充满自然野趣的植物氛围，成为城市里珍贵的自然景观，鲜活地呈现时间性的变化。

植物搭配

植物层次与人的关系

休息空间

### 03 呈现

设计师们希望呈现一道时间性的风景，它是不断变化的：

充满自然野趣的花园，随季节变化呈现四季不同的景致；

如荧幕一般的镜面，记录着不同的参与者与空间不同的互动场景；

这是一个无限的自然花园，也可变化为提供持续展览的街头画廊。

充满自然野趣的花园

互动场景

无限的自然花园

社区文化展示

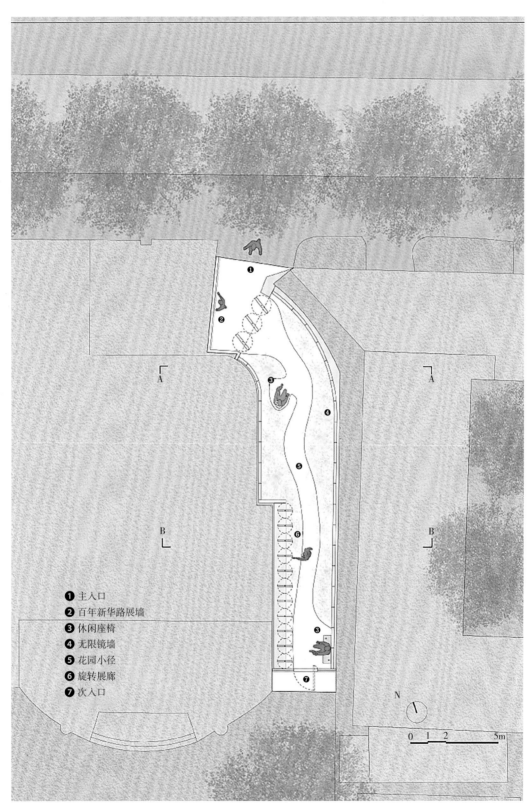

❶ 主入口
❷ 百年新华路展墙
❸ 休闲座椅
❹ 无限镜墙
❺ 花园小径
❻ 旋转展廊
❼ 次入口

设计平面图

A-A剖面图

（a）镜面状态

（b）镜面翻转，展览打开

（c）展览状态

B-B 剖面图

# 京韵园
## ——文化与传承，小而美的城市精品口袋公园

项目地点：北京市西城区大栅栏纪晓岚故居旁

占地面积：0.52hm²

设计公司：北京创新景观园林设计有限责任公司

主创设计师：郝勇翔

设计团队：王阔、祁建勋、董天翔、刘柏寒

摄　　影：郝勇翔

# 01 项目背景

2017年9月，《中共中央国务院关于对〈北京城市总体规划（2016年—2035年）〉的批复》中提出"要坚持疏解整治促提升，坚决拆除违法建设，加强对疏解腾退空间利用的引导，注重腾笼换鸟、留白增绿"。"留白增绿、和谐宜居"成为优化北京城市布局，推进"城市双修"的重要方式。以此为背景，为了提升城市生态品质，增强市民获得感，西城区落实新版北京城市总体规划，开展疏解整治促提升专项行动，加强城市口袋公园建设。

大栅栏地区是全国著名的商业街区，同时也是一个老北京居住区，而范围内供居民休息游览的绿地却非常少。西城区政府在2017～2019年先后在大栅栏纪晓岚故居周边腾退出三块地用于建设城市口袋公园，并在当年开展设计建设工作，分三期建设完成，总面积约5200m²。

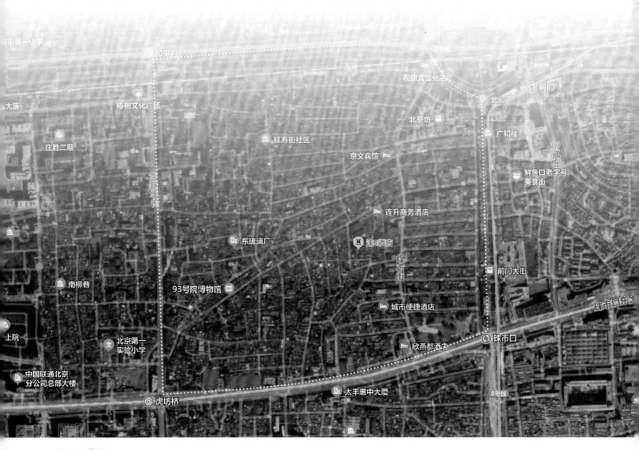

项目区位图

拆迁腾退后的项目用地作为地铁建设方的临时停车场使用，地面全部为硬质路面，没有植物。

## 02 地域历史

### （1）京剧发祥地

清代乾隆五十五年（1790年），原在南方演出的三庆、四喜、春台、和春四大徽班陆续进京。他们接受了昆曲、秦腔的部分剧目、曲调和表演方法，通过民间不断的交流、融合，最终形成京剧。四大徽班来京住址都设在大栅栏附近，大栅栏成为京剧的发祥地。

### （2）纪晓岚故居与富连成社京剧科班

项目一期地块属于纪晓岚故居的西跨院。纪晓岚故居是市级文物保护单位，现为两进四

拆迁腾退后的项目用地

合院格局（原为三进院）。现有东侧晋阳饭店及西侧绿地在历史上都曾在其范围内。西侧原有东西配房，以抄手游廊与南北房相连。纪晓岚故居也和京剧有着深厚的渊源。1931年，梅兰芳、余叔岩、李石曾、张伯驹等在纪晓岚故居内成立北京国剧学会，后又成为富连成社京剧科班。富连成社是我国京剧发展史上时间最长、影响最大、首屈一指的科班，培养了众多京剧名家，对京剧事业的传承和发展产生了深远的影响，使纪晓岚故居也有了京剧氛围。

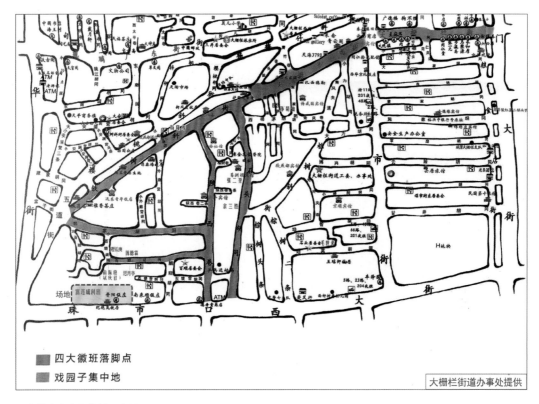

四大徽班在京居住地示意图

## 03 设计理念与特色

尊重场地历史文脉，将现存纪晓岚故居内的文化元素延伸到园内，形成纪晓岚故居的后花园；点缀京剧文化内涵，将其打造成服务周边市民的古典园林风格的小游园。

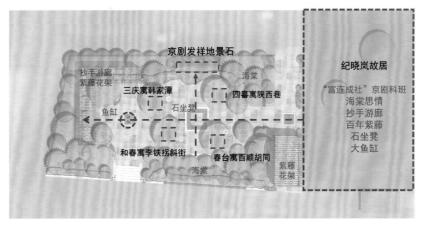

文化元素延伸

### （1）突出历史，形成故事

北京的每条胡同都有故事，都有自己的文化基因。胡同里的口袋公园传承着历史记忆，也各有各的性情。京韵园胡同所在的大栅栏地区是京剧的发祥地。院子里的景观小品、石刻、院墙，无不点缀着京剧文化元素，令人感觉到一股浓厚的京腔京韵。

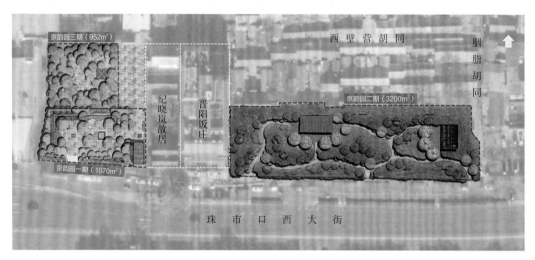

总平面图

京韵园的设计采用北方古典园林庄重的布局形式，形成四个主题广场，分别反映京剧的形成、成熟、鼎盛三个发展阶段，以及"富连成社"京剧科班，将京剧文化巧妙地融合其中。

分区平面图

京剧发祥地景石

京剧文化敞轩

京剧人物展现细节

京剧文化展示花架

一期平面图

### （2）打造精品园林

设计从空间布局、小品、材料到植物种植都经过仔细推敲，注重细节设计，在有限的项目用地上建造小而美的精品口袋公园。

项目一期的自然式布局与纪晓岚故居形成呼应。主入口在沿珠市口西大街一侧，东侧用一组紫藤花架将纪晓岚故居与游园连为一体，同时将现状场地中心的景石后移到北侧，用微地形将其抬高，并配置景石、油松、竹子及花卉形成主景，使中心庭院空间可为人们日常休闲和举办京剧类活动提供场地。游园的西北角设置一组抄手紫藤花架，与纪晓岚故居内的抄手游廊及门前的紫藤风格色彩一致，形成统一的中国古典园林氛围，同时为人们提供休息场所。在广场的细节上充分体现京剧的特色，运用拉二胡的雕塑、古建筑镂雕、浮雕等多样的艺术形式来丰富细节，让人们在这里感受到浓郁的京剧氛围。

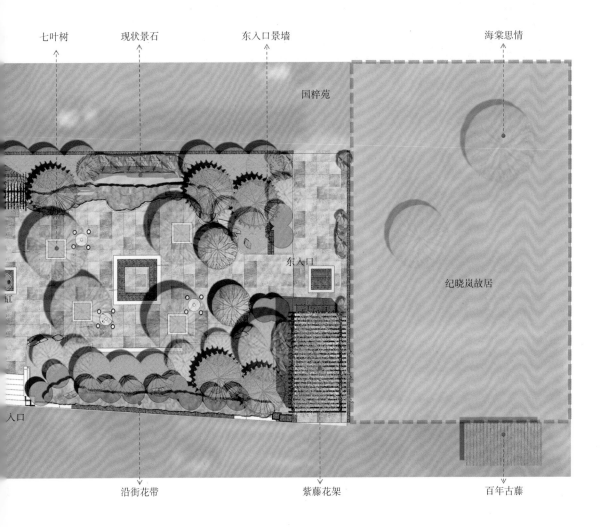

七叶树　　　现状景石　　　东入口景墙　　　　　　　海棠思情

国粹苑

东入口

纪晓岚故居

入口

沿街花带　　　　　　紫藤花架　　　　　　百年古藤

东入口

纪晓岚场景石桌椅

二胡雕塑

树荫场地

仿古廊架、雕塑、鱼缸

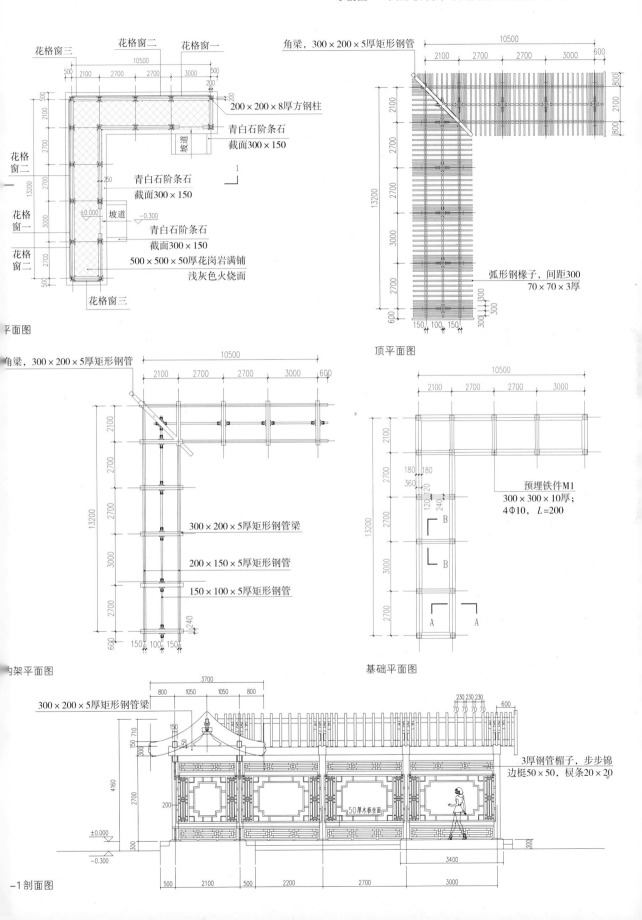

花格窗三　花格窗二　花格窗一

10500

500　2100　2700　2700　3000　500
200

200 × 200 × 8厚方钢柱

青白石阶条石
截面300 × 150

坡道

1

花格窗二

13200

青白石阶条石
截面300 × 150

花格窗一

坡道

±0.000　-0.300

青白石阶条石
截面300 × 150

花格窗二

500 × 500 × 50厚花岗岩满铺
浅灰色火烧面

花格窗三

平面图

角梁，300 × 200 × 5厚矩形钢管

10500

2100　2700　2700　3000　600

800

2100

2100

2700

13200

3000

弧形钢椽子，间距300
70 × 70 × 3厚

2700

600

150　100　150

300 300

顶平面图

角梁，300 × 200 × 5厚矩形钢管

10500

2100　2700　2700　3000　600

2100

2700

13200

2700

300 × 200 × 5厚矩形钢管梁

3000

200 × 150 × 5厚矩形钢管

150 × 100 × 5厚矩形钢管

2700

240

600

150　100　150

钩架平面图

10500

2100　2700　2700　3000

2100

2700

13200

180　180

360

120 120
240

B　B

2700

预埋铁件M1
300 × 300 × 10厚；
4Φ10，L = 200

3000

2700

A　A

基础平面图

3700

800　1050　1050　800

300 × 200 × 5厚矩形钢管梁

150

150　710

300

4160

2700

200

50厚木板坐面

±0.000
-0.300

300

230 230 230
70 70 70
600

3厚钢管楣子，步步锦
边梃50 × 50，棂条20 × 20

3400

300

-1剖面图

500　2100　500　2200　2700　3000

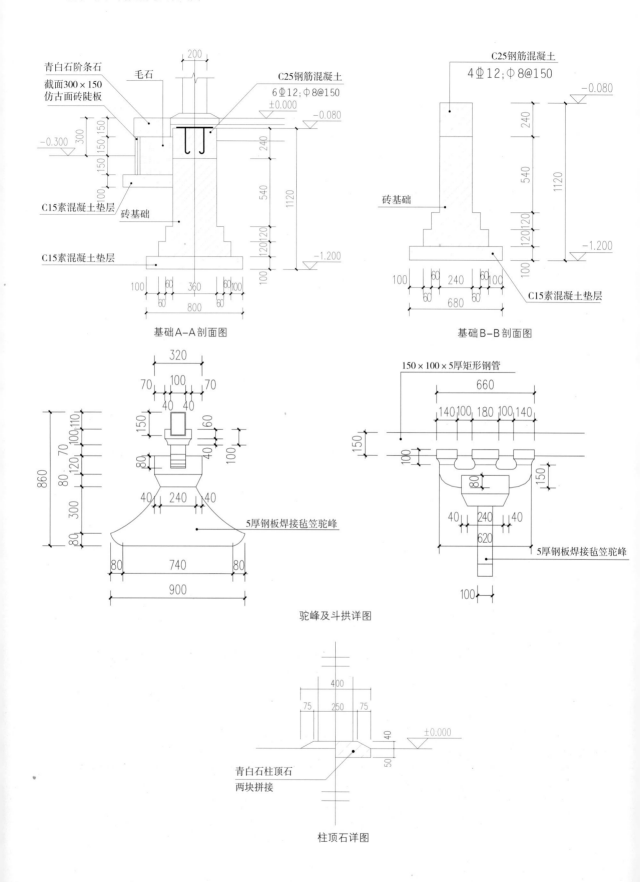

基础A-A剖面图

基础B-B剖面图

驼峰及斗拱详图

柱顶石详图

　　京韵园二期借用园囿曲径的整体布局形式，将京剧文化巧妙地融合其中。地块形成两个主题广场，反映京剧的发展及鼎盛两个时期，与京韵园一期在文化历史上形成统一的整体，分别反映京剧的形成、成熟、鼎盛三个发展阶段。

南入口实景

西南入口实景

京韵园三期延续京韵园的京剧文化特色，突出富连成社的历史，营造戏班平日的生活氛围，与京韵园一期形成台前幕后的空间格局。

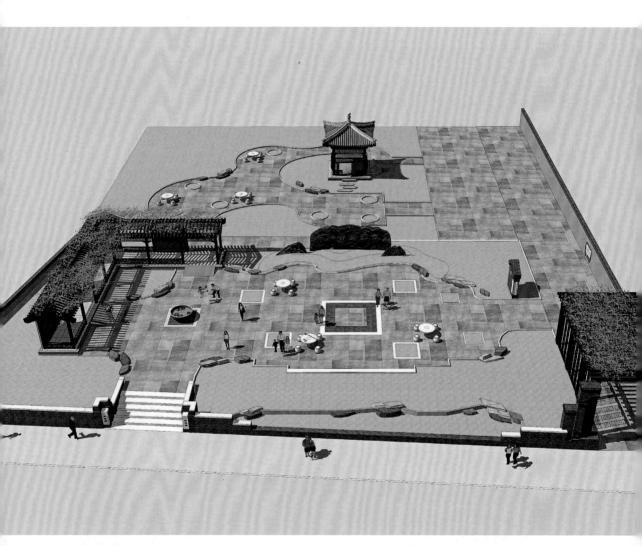

台前幕后空间格局

## 04 植物配置

将纪晓岚故居内的"海棠思情"和"紫藤幽香"这两个特色植物景观主题延伸到了园内，种植了紫藤与海棠这两种特色植物，同时还选用了七叶树、油松和竹子。场地中间栽植的四棵七叶树寓意四大徽班在这里的成长发展。设置林下活动场地满足大众休闲活动需求。此外，种植设计突出了乡土长寿树种，重点栽植银杏、七叶树、国槐、马褂木等。

七叶树林下的场地

绿荫路实景

## 05 项目建成后的评价与意义

京韵园建成后与纪晓岚故居形成室内外互补的文化展示中心，服务于500m半径内的居民，解决了大栅栏地区这一覆盖盲区问题，还绿于民。同时也为京剧文化活动提供了舞台，使京剧发祥地以新的形式融入了市民生活。

# 设 计 公 司 名 录

## 易兰规划设计院ECOLAND

地址：北京市海淀区北清路中关村壹号C2
座7层

电话：010-82815588

邮箱：info@ecoland-plan.com

## 北京创新景观园林设计有限责任公司

地址：北京市朝阳区北苑路乙1 08 号北美
国际商务中心 K1 座一层

电话：010-85659381

邮箱：cxjgyl@263.net

## 刘宇扬建筑事务所

地址：上海市静安区梅园路35号3F

电话：021-54041288

邮箱：office@alya.cn

## 上海水石建筑规划设计股份有限公司

地址：上海市徐汇区古宜路188号

电话：021-54679918

邮箱：media@shuishi.com

## 大小景观

地址：广东省深圳市南山区蛇口荔园路9号
G&G创意社区

电话：0755-84418360

邮箱：info@scalescape.com

## 北京甲板智慧科技有限公司DreamDeck

地址：北京市石景山古城南街9号院绿地环
球文化金融城5号楼21层

电话：18514621168

邮箱：dreamdeck@dreamdeck.cn

## VIA 维亚景观

地址：上海市杨浦区政学路51号弘源创新
大厦2号楼504

电话：021-61470123

邮箱：Chinyi.gu@viascape.com.cn